国家自然科学基金（批准号：51108318）：大型复杂项目的建筑策划“群决策”模型研究
国家自然科学基金（批准号：5157080638）：基于建筑策划“群决策”的大城市传统社区“原居安老”改造设计研究——以上海工人新村为例

建筑策划学

高校建筑学专业规划推荐教材

涂慧君　著

中国建筑工业出版社

图书在版编目（CIP）数据

建筑策划学/涂慧君著. —北京：中国建筑工业出版社，2016.11

ISBN 978-7-112-20151-8

Ⅰ. ①建… Ⅱ. ①涂… Ⅲ. ①建筑工程—策划 Ⅳ. ①TU72

中国版本图书馆CIP数据核字（2016）第292543号

建筑策划是建筑学的一门分支学科，其蕴含的重要价值对我国建筑学科的发展与完善有着不可估量的能量。本书梳理了中外建筑策划理论与方法，从建筑策划定义和历史沿革出发，围绕不同国家以及学者建立的理论体系中建筑策划的3个核心要素——建筑策划主体、建筑策划对象和建筑策划方法进行分析和总结，在此基础上优化与发展出一套新的建筑策划系统理论与方法——建筑策划群决策理论与方法，最后以4个案例给予评估性、连续性和预测性实证。

责任编辑：吴宇江
书籍设计：京点制版
责任校对：焦　乐　姜小莲

建筑策划学
涂慧君　著
*
中国建筑工业出版社出版、发行（北京海淀三里河路9号）
各地新华书店、建筑书店经销
北京京点图文设计有限公司制版
北京中科印刷有限公司印刷
*
开本：850×1168毫米　1/16　印张：12　字数：244千字
2017年7月第一版　2017年7月第一次印刷
定价：50.00元
ISBN 978-7-112-20151-8
(29641)

For the students who are encountering the term architectural programming for the first time, I welcome you to the human side of architecture and to insights that can help you make architecture that is truly beneficial to people.

William Pena

William Pena, FAIA

目　录

第 1 章　建筑策划的定义及发展沿革 1

1.1　建筑策划的定义 2
1.2　美国建筑策划理论的发展沿革 4
1.3　日本建筑策划理论的发展沿革 6
1.4　英国建筑策划理论的发展沿革 7
1.5　中国建筑策划理论的发展沿革 8

第 2 章　建筑策划相关问题综述 13

2.1　建筑策划与城市规划、城市设计及建筑设计的关系 14
2.2　我国的建筑策划背景 15
2.3　建筑策划研究及建筑策划制度化的必要性 16
2.4　建筑策划的几个重要要素 17

第 3 章　建筑策划主体 19

3.1　美国建筑策划理论中的建筑策划主体 20
3.1.1　威廉·培尼亚建筑策划理论中的建筑策划主体 20
3.1.2　赫什伯格建筑策划理论中的建筑策划主体 21
3.2　日本建筑策划理论中的建筑策划主体 22
3.3　英国建筑策划理论中的建筑策划主体 23
3.4　中国建筑策划理论中的建筑策划主体 24
3.4.1　庄惟敏建筑策划理论中的建筑策划主体 24
3.4.2　邹广天建筑策划理论中的建筑策划主体 24
3.5　现有建筑策划理论中策划主体的分析和总结 24

3.6 建筑策划群决策理论中的建筑策划主体 24
3.6.1 策划主体的分析 25
3.6.2 策划主体的界定 25
3.6.3 策划主体的特征 27
3.6.4 策划主体的权重配置 28
3.6.5 建筑策划群决策的策划主体模型 30

第4章 建筑策划对象 35

4.1 美国建筑策划理论中的策划对象 36
4.1.1 威廉·培尼亚的策划对象 36
4.1.2 赫什伯格的策划对象 38
4.1.3 唐纳·杜尔克的策划对象 39
4.2 日本建筑策划理论中的策划对象 39
4.3 英国建筑策划理论中的策划对象 41
4.4 我国建筑策划理论中的策划对象 42
4.4.1 《建筑策划与设计》一书中的策划对象 42
4.4.2 《建筑计划学》一书中的策划对象 43
4.5 现有建筑策划理论中的策划对象的总结 44
4.5.1 各理论中策划对象信息系统的特点 44
4.5.2 对策划对象新的思考 45
4.6 建筑策划群决策理论中的策划对象 45
4.6.1 建筑策划群决策策划对象的界定 45
4.6.2 建筑策划群决策策划对象的属性 47
4.6.3 建筑策划群决策策划对象的内容 50
4.6.4 运用树形结构对策划对象的内容进行梳理 55
4.6.5 建筑策划群决策策划对象的系统 57
4.6.6 建筑策划群决策策划对象系统的应用方法 61

第5章 建筑策划方法 63

5.1 美国建筑策划理论中的策划方法 64
5.1.1 威廉·培尼亚的策划方法 64
5.1.2 罗伯特·库姆林的策划方法 65

5.1.3 伊迪丝·谢里的策划方法 65
5.1.4 唐纳·杜尔克的策划方法 65
5.1.5 赫什伯格的策划方法 66
5.1.6 布莱斯和沃辛顿的策划方法 67
5.1.7 亨利·沙诺夫的策划方法 67
5.1.8 其他的策划方法 67
5.2 日本建筑策划理论中的策划方法 69
5.3 英国建筑策划理论中的策划方法 69
5.4 我国建筑策划理论中的策划方法 69
5.5 近期建筑策划软件 70
5.6 总结既有方法并分析其优劣 71
5.7 建筑策划群决策理论中的策划方法 72
5.7.1 进行建筑策划群决策方法研究的意义与目的 72
5.7.2 使用计算机辅助分析建筑策划群决策方法的必要性 73
5.7.3 既有建筑策划方法与群决策方法的比较分析 74
5.7.4 采用群决策方法研究要解决的重点问题 75
5.7.5 建立建筑策划群决策计算机分析方法 76

第6章 建筑策划群决策模型 83

6.1 群决策方法的提出——对比传统决策方法 84
6.2 建筑策划群决策模型概念界定及系统特性分析 84
6.2.1 建筑策划群决策系统 84
6.2.2 建筑策划群决策模型等于系统模型 85
6.3 建筑策划群决策模型整合的原因 86
6.4 建筑策划群决策模型的整合方法及步骤 86
6.4.1 建筑策划群决策模型的整合方法选用 86
6.4.2 建筑策划群决策模型的整合步骤 87
6.5 建筑策划群决策模型的整合结果 90
6.5.1 模型的第一层次——信息吸收过程 91
6.5.2 模型的第二层次——信息再吸收和加工过程 92
6.5.3 模型的第三层次——建筑决策信息生成过程 93
6.5.4 模型的反馈机制 94

第7章 建筑策划结论表达及案例 97
7.1 美国建筑策划理论中的策划结论表达 98
7.1.1 威廉·培尼亚的策划结论表达 98
7.1.2 赫什伯格的策划结论表达 99
7.2 日本建筑策划理论中的策划结论表达 100
7.3 英国建筑策划理论中的策划结论表达 101
7.4 我国建筑策划理论中的策划结论表达 102
7.5 建筑策划群决策理论中的策划结论表达 103
7.6 案例 103
7.6.1 上海世博创意婚庆产业园 103
7.6.2 重庆交通大学新校区 126
7.6.3 上海虹桥交通枢纽 126
7.6.4 上海工人新村原居安老改造设计 147

第8章 结 语 159

附录A 上海世博创意婚庆产业园工程建设项目设计导则 163
A.1 项目概述 164
A.1.1 项目名称 164
A.1.2 基地概况 164
A.1.3 建设目标 164
A.2 方案设计思想与原则 164
A.3 主要建设内容 165

附录B 杨浦区工人新村适老改造导则 169
B.1 项目概述 170
B.1.1 项目名称 170
B.1.2 基地概况 170
B.1.3 改造目标 170
B.2 指导规范 170
B.3 指导思想和原则 170

B.4 工人新村住区环境适老改造 171
B.4.1 步行道路改造 171
B.4.2 住宅单元出入口改造 171
B.4.3 开敞空间改造 172
B.4.4 增加景观小品 172
B.4.5 增加绿化面积 172
B.4.6 增加适老设施 172
B.5 工人新村住宅单体改造 173
B.5.1 入户空间改造 173
B.5.2 客厅改造 173
B.5.3 卧室改造 173
B.5.4 厨房改造 173
B.5.5 卫生间改造 174
B.5.6 保姆间 174
B.5.7 楼栋公共空间改造 174
B.5.8 公共楼梯间改造 174
B.5.9 安全保障设备 174
B.5.10 采暖设备 175
B.5.11 电梯加建 175
B.6 工人新村住适老服务配置 175
B.6.1 老年服务设施配置 175
B.6.2 社区服务内容制定 175
B.6.3 “老有所用”活动 176
B.6.4 社区卫生服务中心 176
B.7 其他 176

参考文献 177

后 记 181

第 1 章 建筑策划的定义及发展沿革

1.1 建筑策划的定义

“建筑策划”一词，在美国被翻译成“Architectural Programming”，英国称之为“Architectural Briefing”，在日本叫作“建筑计画”。建筑策划起源于20世纪60年代，刚刚结束的第二次世界大战使得社会经济和城市都遭到了严重的破坏，社会重建的迫切需求与战后经济衰败的矛盾，让城市兴建的过程变得更加谨慎，项目建设的前期研究工作变得尤其重要，这都促使了现代建筑策划的形成。

经过近几十年的理论研究与实践，建筑策划已经成为建筑学科的一个公认的分支，虽然业界对建筑策划的概念已经达成一定共识，但是对建筑策划的确切定义还是多种多样。以下是国内外几种比较有影响的建筑策划定义：

建筑策划是一种程序，是对建筑问题的陈述，是对设计方案应满足的需求的陈述。

——（美）威廉·M·培尼亚（William M. Pena）[1]

建筑策划是一种系统的方法，用于研究设计问题的文脉以及一个成功的项目所必须满足的需求。

——（美）唐纳·P·杜尔克（Donna P. Duerk）[2]

建筑策划是建筑设计过程中的第一阶段，这种建筑设计过程应该确定业主、用户、建筑师和社会的相关价值体系，应该阐明重要的设计目标，应该揭示有关设计的各种现状信息，所需的设备也应该被阐明。建筑策划应编织成一份文件，体现出前期调查研究所确定的价值、目标、事实和需求。

——（美）罗伯特·G·赫什伯格（Robert G. Hershberger）[3]

[1] Pena WM and Parshall S A. *Problem Seeking: An Architectural Programming Primer* [M]. 4th edition. New York: John Wiley & Sons, 2001.

[2] Duerk DP. *Architectural Programming: Information Management for Design* [M]. New York: John Wiley & Sons, 1993.

[3] Hershberger R G. Architecture Programming and Predesign Manager[M]. New York: MaGraw Hill, 1999.

建筑策划就是研究和制定决策的程序，从而确定那些要由设计解决的问题。

—（美）伊迪丝·谢里（Edith Cherry）[1]

建筑计划学是为了设计建筑而探讨人的行为，意识与建筑空间关系的学问。

——（日本）建筑计划教材编委会[2]

建筑策划特指在建筑学领域内建筑师根据总体规划的目标设定，从建筑学的学科角度出发，不仅依赖于经验和规范，更以实态调查为基础，运用计算机等近现代科技手段对研究目标进行客观的分析，最终定量地得出实现既定目标所应遵循的方法及程序的研究工作。

——全国科学技术名词审定委员会[3]

综上可见，关于建筑策划的定义，虽然各说法不同，但在一些关键方面都达成了基本共识，总结如下：

（1）建筑策划是一种方法和程序。

（2）建筑策划的工作时间节点在建筑设计之前。

（3）建筑策划工作的直接目的是为了指导建筑设计。

（4）建筑策划的终极目标是为了建设项目的成功。

（5）建筑策划的成果应该是一份独立的文件。

本书对建筑策划的定义：建筑策划是在广义建筑学领域内，基于相关利益群体多主体参与，以搜集与建设项目相关的客观影响信息和制定决策信息为策划研究对象，以环境心理、实态调研以及数理分析，计算机支持平台等多学科交叉的方法，从而科学理性地得出定性和定量决策结果并建立系统研究文件，以指导建筑设计过程并直接影响建设项目成败的独立建筑学分支学科。

目前国际上公认的在建筑策划领域发展较早，研究深入并已形成一套独特的理论体系的国家主要是西方的美国，以及东方的日本。因此，本章将以美国、日本、英国以及中国为例，详细介绍建筑策划在国内外的发展沿革，以期让读者对于建筑策划的起因来源和发展演变形成一定认识。

[1]（美）伊迪丝·谢里．建筑策划——从理论到实践的设计指南 [M]. 黄慧文译．北京：中国建筑工业出版社，2006.

[2]（日本）建筑计划教材编委会．学习建筑计划 [M]. 东京：井上书院，1996.

[3] 全国科学技术名词审定委员会．建筑学名词 2014[M]. 北京：科学出版社，2014.

1.2　美国建筑策划理论的发展沿革

在美国，建筑策划的发展与成熟，和成立于二战后的 CRS 建筑设计事务所（后改名为 HOK 建筑设计事务所）有着密不可分的联系，CRS 的主要合伙人之一威廉·培尼亚在建筑界享有“建筑策划理论之父”的美称。CRS 事务所在实际工作的过程中，常常发现由于建筑师和甲方、项目管理者以及实际使用者之间沟通的不到位导致设计成果出现各种问题。因此，他们在实际项目中积极探索新的设计程序方法，来避免这种情况的再次发生。1959 年，威廉·培尼亚与威廉·W·考迪尔（William W. Caudill）在《建筑实录》（Architectural Recording）上发表论文“建筑分析——好设计的开始”（Architectural Analysis Prelude to Good Design），是建筑策划开始出现的标志。1966 年，美国建筑师协会（AIA）在《建筑实践的新兴技术》（Emerging Techniques of Architectural Practice）中首次提到了关于项目策划中进度表、分析图表以及调查技巧等的内容。1969 年，AIA 出版了《建筑实践的新兴技术 2：建筑策划》（Emerging Techniques of Architectural Practice2：Architectural Programming），并在里面总结了建筑策划的技巧，强调了业主在建筑策划过程中的责任，同时建议建筑师能介入建筑策划的过程，与业主共同完成建筑策划文件。同年，由威廉·培尼亚与威廉·考迪尔共同撰写出版的在建筑策划界具有里程碑意义的著作《问题探查：建筑项目策划指导手册》（Problem Seeking：An Architectural Programming Primer）（图 1-1），第一次较为完整和系统地描述了建筑策划的程序，提出了直观易用的策划方法和建筑策划的指导原则，受到了广泛的关注。

图 1-1　《问题探查：建筑项目策划指导手册》
（Problem Seeking: An Architectural Programming Primer）

在第一版出版之前，威廉·培尼亚将书籍的主要读者定位于项目业主、各类公司团体以及公共机构的建设项目官员，但是首先发现该书价值的是建筑师和建筑系学生。为此，1975 年再版的版本不仅面向业主，也同时面向建筑师和建筑系学生，并加入了第一版出版后新出现的多种建筑策划方法。值得一提的是，由于该书在建筑界的重要意义，1973 年美国建筑师注册委员会还将此书作为注册建筑师考试试题设计的重要依据。此后，这本著作还分别在 1987 年、2001 年和 2012 年多次改版，涉及内容与时俱进，书面文字也更加易于理解和传播。在2012年出版的第五版中，更加入了可持续发展、新的应用技术等新的课题。

图 1-2 《建筑策划方法》
（Methods of Architectural）

继威廉·培尼亚之后，美国建筑策划领域的研究一直处于非常活跃的状态，涌现了一大批优秀的研究者和他们的著作。其中有，爱德华·T·怀特（Edward T. White）于1972年出版的《建筑策划介绍》（Introduction to Architectural Programming），亨利·沙诺夫（Henry Sanoff）于1980年出版的《建筑策划方法》（Methods of Architectural Programming）（图1-2），米基·普莱梅尔（Mickey Plamer）于1981年出版的《建筑师的设施策划指南》（The Architect's Guide to Facility Programming），唐纳·P·杜尔克于1993年出版的《建筑策划：设计中的信息管理》（Architectural Programming: Information Management for Design），罗伯特·R·库姆林（Robert R. Kumlin）1995年出版的《建筑策划——设计专业的创新性技术》（Architectural Programming-Creative Techniques for Design Professionals）（图1-3），伊迪斯·谢里（Edith Cherry）1998年出版的《为设计而策划：从理论到实践的设计指南》（Programming for Design：From Theory to Practice）（图1-4），罗伯特·G·赫什伯格1999年出版的《建筑策划与设计前期管理者》（Architectural Programming and Predesign Manager）（图1-5）。美国建筑策划方面的主要论著及其作者见表1-1所列。

图 1-3 《建筑策划——设计专业的创新性技术》
（Architectural Programming-Creative Techniques for Design Professionals）

图 1-4 《为设计而策划——从理论到实践》
（Programming for Design: From Theory to Practice）

图 1-5 《建筑策划与设计前期管理者》
（Architectural Programming and Predesign Manager）

美国建筑策划主要论著及其作者　　表1-1

时间	作者	论著
1959 年	威廉·培尼亚与威廉·W·考迪尔（William M. Pena & William Wayne Caudill）	《建筑分析——好设计的开始》（Architectural Analysis Prelude to Good Design）
1966 年	美国建筑师协会（AIA）	《建筑实践的新兴技术》（Emerging Techniques of Architectural Practice）
1969 年	美国建筑师协会（AIA）	《建筑实践的新兴技术 2：建筑策划》（Emerging Techniques of Architectural Practice2：Architectural Programming）
	威廉·培尼亚与威廉·W·考迪尔（William M. Pena & William Wayne Caudill）	《问题探查：建筑项目策划指导手册》（Problem Seeking：An Architectural Programming Primer）
1972 年	爱德华·T·怀特（Edward T. White）	《建筑策划介绍》（Introduction to Architectural Programming）
1980 年	亨利·沙诺夫（Henry Sanoff）	《建筑策划方法》（Methods of Architectural Programming）
1981 年	米奇·普莱梅尔（Mickey Plamer）	《建筑师的设施策划指南》（The Architect's Guide to Facility Programming）
1993 年	唐纳·P·杜尔克（Donna P. Duerk）	《建筑策划：设计中的信息管理》（Architectural Programming：Information Management for Design）
1995 年	罗伯特·R·库姆林（Robert R. Kumlin）	《建筑策划——设计专业的创新性技术》（Architectural Programming–Creative Techniques for Design Professionals）
1998 年	伊迪丝·谢里（Edith Cherry）	《为设计而策划：从理论到实践》（Programming for Design：From Theory to Practice）
1999 年	罗伯特·G·赫什伯格（Robert G. Hershberger）	《建筑策划与设计前期管理者》（Architectural Programming and Predesign Manager）

1.3　日本建筑策划理论的发展沿革

日本对于建筑计画学的研究开始得更早，起源于明治时期。与美国不同的是，早期的建筑计画涉及的范围较广，内容包括建筑设计中的各类因素，并非特指建筑设计的某个阶段。下田菊太郎在 1889 年发表的论文《建筑计画论》中提出“建筑计画”这个名词，并在论文中提出好建筑的三个设计标准，即实用性、外在形制和艺术性。1934 年东京常磐书房出版的《计画原论》中，涉及诸如声、光、热、家具等建筑设计的影响因素。至此，建筑计画的定义还是比较模糊的、广义的。到了 1941 年，西山卯三在《建筑计画的方法论》中对于建筑计画的理解已经十分接近建筑策划的概念，认为住宅的设计应当遵循自然、社会条件以及人类的活动方式等因素。

二战同样也是日本建筑计画研究的一个有力推动因素，建筑计画的研究和发展在战后达到了一个高潮。1964 年，由吉武泰水编著，日本鹿岛出版会出版的《建筑计划研究》中，第一次提出了对建筑使用者的调查，对结合调查分析建筑设计的注意事项的方法做了系统的阐述。1981 年，原广司编著《建筑学大系 23——建筑计画》；1991 年，佐野畅纪等出版著作《建筑计画——设计计画的基础与应用》；2004 年，永森一夫出版著作《建筑计画教材》；2005 年，西出和彦出版著作《建筑计画》；2009 年大佛俊泰的著作《建筑计画学入门——建筑空间与分类科学》。日本建筑策划主要论著及其作者见表 1-2 所列。

日本建筑策划主要论著及其作者 表1-2

时间	作者	论著
1889 年	下田菊太郎	《建筑计画论》
1934 年	东京常磐书房	《计画原论》
1941 年	西山卯三	《建筑计画的方法论》
1964 年	吉武泰水	《建筑计划研究》
1981 年	原广司	《建筑学大系 23——建筑计画》
1991 年	佐野畅纪等	《建筑计画——设计计画的基础与应用》
2004 年	永森一夫	《建筑计画教材》
2005 年	西出和彦	《建筑计画》
2009 年	大佛俊泰	《建筑计画学入门——建筑空间与分类科学》

1.4 英国建筑策划理论的发展沿革

二战之后英国建筑师对建筑设计工作方法的先导理论和系统方法进行了大量的研究。工作原则以合理性为基准，工作方法以实际调查为前提，对建筑的空间性质和使用过程进行细致的分析，得出定量的结果。在戴维·坎特（David Canter）的《设计方法论》一书中就体现了建筑策划的基本思想。

英国关于建筑策划方面的书籍比较具有代表性的是弗兰克·索尔兹伯里（Frank Salisbury）于 1997 年出版的《建筑策划》(Briefing Your Architect)（图 1-6）。这本书介绍的策划方法主要是站在客户的角度看待建筑策划的方法和步骤，廓清了在建筑策划这一环节策划师及客户的主要任务和作用，描述了策划师与客户合作的模式和方法，对如何具体展开建筑策划工作具有一定的指导意义。

图 1-6 《建筑策划》
（Briefing Your Architect）

1.5 中国建筑策划理论的发展沿革

相对于美国和日本，中国在建筑策划方面的研究起步较晚，开始于 20 世纪 90 年代左右，相关的理论专著也不多，目前还处于探索研究的阶段（表 1-3）。不过近年来，各大高校对于建筑策划的重视程度越来越高，有一大批优秀的硕士、博士论文涌现出来，对于建筑策划的理论以及适用于中国的建筑策划方法都有了较多的研究成果。建筑策划逐渐受到业界的重视，并已成为国家一级注册建筑师的考试内容之一。

中国建筑策划理论代表性著作 **表1-3**

时间	作者	著作
1999 年	刘先觉	《现代建筑理论》
2000 年	庄惟敏	《建筑策划导论》
2003 年	郑凌	《高层字楼建筑策划》
2010 年	邹广天	《建筑计划学》
2010 年	刘武君	《重大基础设施建设项目策划》
2010 年	孙佳成	《酒店设计与策划》
2012 年	李永福	《建筑项目策划》
2016 年	庄惟敏	《建筑设计与策划》

1991 年，庄惟敏在其博士论文《建筑策划——设计方法学的探讨》中第一次将建筑策划这个名词引入国内，并在此基础上，于 2000 年出版专著《建筑策划导论》（图 1-7），该书对建筑策划的概念、含义、原理、方法以及在建筑学系统中的地位和作用都进行了系统的论述，同时还介绍了多种实用的建筑策划技术与方法。较早的论著有刘先觉在 1999 年主编的《现代建筑理论》中有关“建筑设计计划理论”的论述，介绍了建筑计划的概念、纲要、方法、现状及对策等方面的内容。在这之后，2003 年，他的学生郑凌出版《高层写字楼建筑策划》，结合建筑学、房地产学以及统计学的知识，对高层写字楼建筑的策划内容、程序方法、分析方法、实践应用等内容进行了详细的阐释。相关方法可操作性强。该书对开发者、投资者、建筑师与建设部门都有很好的参考价值。2010 年，邹广天出版专著《建筑计划学》（图 1-8），结合作者的实践基础，对建筑计划学的历史、理论基础、研究领域、研究方法、环境评价等内容进行了论述。介绍了国外建筑策划理论的研究成果，同时又结合作者的实践基础，致力于发展适合中国的建筑策划理论与方法。同年，刘武君出版《重大基础设施建设项目策划》（图 1-9），孙佳成出版著作《酒店设计与策划》（图 1-10）。2012 年，李永福出版著作《建筑项目策划》（图 1-11）。2016 年，庄惟敏出版专著《建筑策划与设计》（图 1-12）。

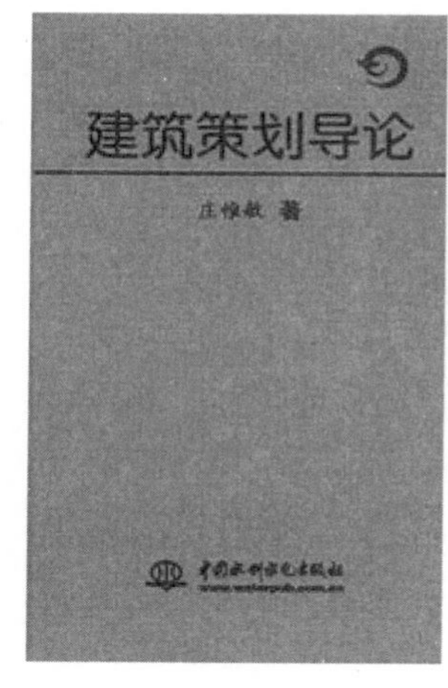

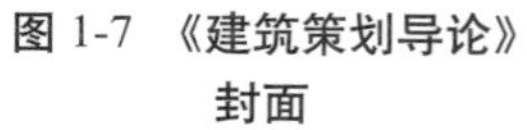

图 1-7 《建筑策划导论》封面

图 1-8 《建筑计划学》封面

图 1-9 《重大基础设施项目策划》封面

图 1-10 《酒店设计与策划》封面

图 1-11 《建筑项目策划》封面

图 1-12 《建筑策划与设计》封面

与此同时，还有大量的论文在对建筑策划的领域进行探讨。目前，我国的建筑策划概念和理论框架已经基本成型，高校学者和建筑学学生们都在为寻找适用于中国的建筑策划方法，加快建筑策划实践的步伐而不断努力着。

除专著外，各高校的学位论文亦展开了关于建筑策划理论的研究与实践，如《房地产项目建筑策划的研究与应用》（金岭）、《对当代建筑策划方法论的研析与思考》（韩静）、《建筑策划中的预评价与使用后评估的研究》（梁思思）、《城市空间形态建筑策划方法研究》（高珊）、《可拓建筑策划的基本理论研究》（连菲）、《基于 SD 法的建筑策划后评价》（郑路路）、《居住区开发前期建筑策划研究》（姚新）、《从建筑策划的空间预测与评价到空间构想的系统方法研究》（伊洋）等。相关研究见表 1-4 所列。

近十年一些与建筑策划理论相关的学位论文 表1-4

作者	论文	学校	类别	年份
常征	《我国房地产开发的建筑策划程序研究》	清华大学	硕士	2004 年
韩静	《对当代建筑策划方法论的研析与思考》	清华大学	博士	2005 年
梁思思	《建筑策划中的预评价与使用后评估的研究》	清华大学	硕士	2006 年
李群	《建筑策划与问题界定》	同济大学	硕士	2006 年
高珊	《城市空间形态建筑策划方法研究》	清华大学	硕士	2007 年
刘金铭	《计算机辅助可拓建筑策划的基本理论研究》	哈尔滨工业大学	硕士	2008 年
由爱华	《计算机辅助可拓建筑策划的表达方法研究》	哈尔滨工业大学	硕士	2008 年
许启军	《基于建筑理论的贵阳市住宅房地产开发建筑策划研究》	贵州大学	硕士	2009 年
连菲	《可拓建筑策划的基本理论与应用方法研究》	哈尔滨工业大学	博士	2010 年
苏实	《从建筑策划的空间预测与评价到空间构想的系统方法研究》	清华大学	博士	2011 年
伊洋	《建筑策划理论与实践在我国的发展研究》	北京建筑工程学院	硕士	2012 年

此外，还有一些发表于各类期刊中的关于建筑策划的研究性论文，见表 1-5 所列。

相关研究性论文 表1-5

作者	研究论文	刊名	年 / 期
庄惟敏、李道增	《建筑策划论——设计方法学的探讨》	建筑学报	1992/07
庄惟敏	《从建筑策划到建筑设计》	新建筑	1997/03
白林、胡绍学	《建筑计划方法学的探讨——建筑设计的科学方法论研究（一）》	世界建筑	2000/08
曹亮功	《建筑策划综述及其案例（系列）》	华中建筑	2004/03
邹广天	《建筑设计创新与可拓思维模式》	哈尔滨工业大学学报	2006/07
张维、梁思思	《对我国建筑策划发展的分析与思考》	建筑学报	2006/11
涂慧君	《建筑策划 GFCNP 信息矩阵方法在大学校园规划中的应用实践》	建筑学报	2007/05
张维、庄惟敏	《美国建筑策划工具演变研究》	建筑学报	2008/02
张维、庄惟敏	《建筑策划操作体系：从理论到实践的实现》	建筑创作	2008/06
张维、李弘远	《美国医疗设施建筑策划特点评介》	华中建筑	2008/10
连菲、邹广天	《可拓建筑策划的策略创新》	城市建筑	2009/11
苏实、庄惟敏	《建筑策划中的空间预测与空间评价研究意义》	建筑学报	2010/04
苏实、庄惟敏	《试论建筑策划空间预测与评价方法——建筑使用后评价（POE）的前馈》	新建筑	2011/03
涂慧君	《大型复杂项目建筑策划“群决策”理论与方法初探》	2012 建筑学会优秀论文奖	2012/06
涂慧君、陈卓	《大型复杂项目建筑策划“群决策”的计算机数据分析方法研究》	建筑学报	2015/02
涂慧君、苏宗毅	《大型复杂项目建筑策划群决策的决策主体研究》	建筑学报	2016/12

2005 年，曾经在 HOK 事务所后在美国开办 ADP 事务所的潘苏（Solomon Pan）教授，长期从事 CRS 矩阵表格策划实践，并首次将美国建筑策划的《问题探查：建筑项目策划指导手册》（Problem Seeking – An Architectural Programming Primer）理论带到中国，并在中国上海同济大学建筑城规学院首次以 HOK 事务所威廉·佩纳等的这本著作作为基本教材，开设建筑策划课程，介绍和发展了一种系统性很强而且非常成功的建筑策划方法模式——矩阵表格。这套方法经过 HOK 事务所数十年实践得以完善，并行之有效地在美国很多事务所得到延续使用。基于此教学，同济大学成立了建筑策划教学和研究团队（图 1–13），结合中国国情发展和创新建筑策划理论，申请获批两项以建筑策划为主题的国家自然科学基金研究项目。

2014 年 10 月 20 日，中国建筑学会建筑师分会"建筑策划"学组（专委会）（图 1–14）在清华大学建筑设计研究院有限公司舜德厅成立，40 多位来自全国高校建筑学院的建筑策划学术代表，建筑设计行业及房地产业的领军企业代表出席了成立大会。"建筑策划"学组（专委会）的成立，对于推动建筑策划研究，提高业界对于建筑策划的重视程度，推广建筑策划学具有重要意义。

图 1-13　同济大学建筑策划研究团队微信公众号

图 1-14　建筑策划专委会微信公众号

1995 年国务院颁布了《中华人民共和国注册建筑师条例》（国务院第 184 号令）为将建筑策划列入建筑设计技术咨询范围提供了条件，之前建筑策划在国内执业范围内无据可依。国外部分国家对于设计任务书的制定具有严格的审查规范，建筑策划受到法律的认可和制约。例如加拿大政府公共工程管理部确定的建筑营造过程的 11 个阶段就包括建筑策划阶段，美国市政府和州政府将建筑策划工作作为承担工程的基本要求，但是目前我国建筑策划仍然没有相应的建设程序和法律程序，也缺乏应有的行业认定，加上建筑策划的体系化研究特别是计算机辅助的定性定量化研究相对薄弱，导致操作主体素质和策划成果质量参差不齐。

第 2 章 建筑策划相关问题综述

2.1 建筑策划与城市规划、城市设计及建筑设计的关系

几十年的研究、积累和发展，建筑策划的核心概念已经与当代建筑学体系在架构组成和关联上形成了学术共识。城市总体规划与城市设计之间、建筑策划与建筑设计之间是指导性相关关系，其指导的相关承受者正是城市设计和建筑设计。另一方面，在当今存量规划背景下，建筑策划对城市规划的集成与反馈作用也更加凸显；虽然仍然在探讨研究阶段，但建筑策划与城市规划交互进行逐渐成为一种新的工作模式。[1]

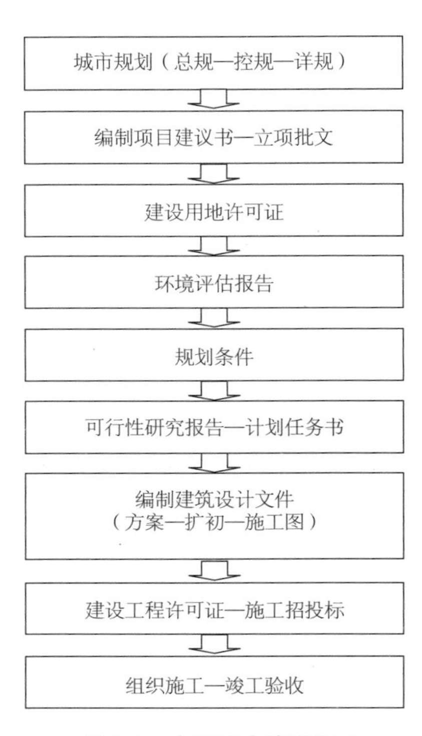

图 2-1　中国基本建设程序

在我国基本的建设程序（图 2-1）中，建筑建设项目有一套完善的法定许可程序，包括规划—建筑设计—施工—验收的全部过程。城市设计一般在城市规划完成之后，建筑单体设计开始之前进行，而建筑策划也在建筑单体设计开始之前，城市规划、城市设计和建筑策划都是对建筑单体的指导性文件，三者有何不同呢？

（1）三者在基本建设程序的时间节点不同。城市规划是对城市用地伊始的综合资源配置，城市设计一般在城市规划之后，而建筑策划又在城市设计之后。当然，城市设计也可以与城市规划并行和互动，建筑策划也可以与建筑设计并行和互动。

（2）从宏观到微观，三者关注的内容不同。城市规划关注的是建设项目的平面配置，城市设计更考虑城市空间三维的质量，建筑策划关注的是建筑单体或群体的运行性能和机制。

（3）三者对建筑项目的指导作用不同。城市规划主要是对建筑物的功能性质、容积率、高度、红线等提出指标条件，城市设计基于建筑项目与城市之间关系的要求，从城

[1] 庄惟敏．建筑策划与设计 [M]．北京：中国建筑工业出版社，2016.

市的使用以及建筑物之间的关系出发，来规范建筑的三维形态，而建筑策划主要针对建筑项目自身的使用性能以及形态定位来确保建筑项目的成功。

建筑策划的内容、定位和决策，对建筑项目的成败有关键的作用，可以说是建筑项目的前馈，同时，以建筑策划为检验项目性能以及使用后评估的标准，其反馈作用可以在新项目的伊始，对城市的宏观规划与相关区域的城市设计提供借鉴和经验教训，从而使得城市开发的宏观过程得以不断调试从而趋近更加合理与成功。

2.2 我国的建筑策划背景

1. 当前我国建设项目中前期决策失误造成资源浪费现象严重

当前我国的许多建设项目都存在着资源浪费严重的现象，主要表现在：①决策草率导致建成使用后达不到预期效益；②决策失误导致建设项目多次返工；③缺乏周全的决策指导造成项目建成后不能平衡相关利益群体。这些资源浪费现象甚至在一定程度上激化了社会矛盾。

我国的建筑项目建设中确实存在着因决策失当造成的返工、拆建，以及建成效益达不到预期等现象，而建设项目中的这些资源浪费现象大多都是可以通过科学公平和慎重的前期决策加以避免。如何减少决策失当导致资源浪费的现象给建筑策划理论研究和实践者带来巨大挑战。

2. 建筑策划的缺失是当前建设项目资源浪费的严重原因

前期建筑策划的缺失就是当前建设项目资源浪费的重要原因，虽然在建设项目中，以建筑策划手段在前期预防的成本要远远小于建造后解决问题的成本，但是目前我国在相关法规以及实践中，建筑策划在建设项目流程中的地位严重缺失，由此产生了很多决策轻率的“拍脑瓜”工程，造成人力财力的资源浪费。主要原因是：①当前许多项目投资大，复杂性高，社会影响面广，一旦决策失当，涉及的浪费大，影响的相关利益群体多；②建筑策划的缺失使得任务书对设计条件缺乏科学理性的研究，从而造成对项目功能、形式、经济、时间的设计要求决策非理性，乃至决策滞后的现象；③建设项目决策非理性和决策滞后的现象导致设计条件多次变更，在设计过程和施工过程中反复修改、拆建，甚至在建成后仍不能达到理想效果。例如在上海世博园样板组团建设中，就曾因为前期策划研究缺失导致的决策失误，造成高架步道上 1000m^2 的再生木材料安装后拆建的浪费现象。综上所述，对于建设项目而言，缺乏科学理性的前期建筑策划是造成资源浪费的重要原因。

3. 现有建筑策划方法难以解决前期决策中多方利益群体公平参与问题

现有建筑策划方法的 SD 法（语义学解析法）、模拟法及数值解析法、多因子变量分析及数据化法，以及诊断式访谈、诊断式观测、问卷与调查、行为地图、业主/用户工作会议[1]等有助于了解并分析使用者和业主的期望以及有关设计需要考虑的信息，但却难以科学公平地分析利益相关的多方信息，作出准确的判断和决策，尤其当项目涉及的功能复杂，决策目标多样，利益群体复杂，各种矛盾涌现，需要公平博弈的时候，现有建筑策划方法难以克服其工作中的局限性：忽视多方相关利益群体的差异和决策参与，单纯以业主为核心，建筑师为"助手"，即使在研究使用者群体内部也忽视使用者作为"人"的个体差异，从而无法用定量的方式精确界定多方利益差异，进行决策输出。正是这些多方利益的冲突处理在建筑策划中占据大量讨论和协调时间，激发相关利益群体矛盾，对实现项目建成目标至关重要。所以，在现有建筑策划理论与实践中，尚缺乏一个有效的方法来解决针对多方相关利益的科学公平决策问题。

2.3 建筑策划研究及建筑策划制度化的必要性

自改革开放以来，中国经济发展迅猛，科学技术水平也相应提高，土木建筑业的发展在我国占有着重要的地位。但我国在大规模进行城市建设取得辉煌成绩的同时，存在大量建设效益欠佳，浪费严重的现象，究其原因，主要是对建设前期工作不够重视，建筑策划环节的缺失，基本建设程序的不完善、不科学。

近20～30年来，国内城市大拆大建成为普遍现象，据统计我国每年老旧建筑拆除量已达到新增建筑的40%，建筑过早拆除将导致中国每年碳排放量增加，同时还将导致巨大的资源浪费。据计算，"十二五"期间，我国因为过早拆除房屋浪费达数千亿元（图2-2），而这些大部分都是质量因素之外的拆除。同时，还有大量建筑由于前期策划研究不到位，无法达成预期的社会经济效益而成为烂尾楼，废弃十几年造成巨大的资源浪费。

在我国的基本建设程序中，可行性研究报告之后就直接进入建筑设计阶段，并未能明确建筑策划这一环节。建筑策划是研究如何科学制定建设项目在总体规划立项之后建筑设计的依据问题，摈弃单纯依靠经验确定设计内容及依据的传统方法，建筑策划对于减少浪费，提升建设项目的社会、经济、文化效益有着深远的影响。当前我国建筑策划制度不明朗，更没有设置相应的收费政策，因而甲方基本不可能为这一程序提供经费，而设计单位在方案设计时间要求急迫的情况下，也不可能将过多的精力投入到前期策划中，所以，业界对建筑策划的讨论虽多，却只能大量停留在纸上谈兵的阶段。从制度、法律法规上肯定建筑策划的地位，明确建筑策划制度刻不容缓。我国建设项目的可行性

[1] Hershberger R G. Architectural programming and predesign manager[M]. New York: McGraw-Hill, 1999.

研究已经法律化，这为建筑策划提供了一个良好的环境。但对于建筑行业而言，可行性研究是在建设项目投资决策前对有关建设方案、技术方案或生产经营方案进行的技术经济论证，服务对象主要还是投资者，工作主体是经济师，其成果并不能作为科学的设计任务书使用，设计任务书的制定一般由投资方按照已有资料以及少数专家个人经验而拟定，缺乏必要、全面的科学和人文、科研与实践结合的研究，此外，由于投资者、建设者、运营者、使用者的利益主体不同，又缺乏有效沟通联系的渠道和方式，大量建设项目往往只重视经济效益而忽视长期的社会效益和环境效益，在这种情况下，建筑策划在我国的规范制度化势在必行。

图 2-2　近年来过早拆除的建筑

2.4　建筑策划的几个重要要素

建筑策划包含策划主体、策划对象，以及它们之间的相互关系，即建筑策划主体如何对建筑策划对象起作用—也就是建筑策划方法。大型复杂项目建筑策划群决策中，策划主体承担信息处理的能力与责任；而策划对象满足有效与足够的信息需求。策划主体与策划对象之间，存在着信息处理与反馈关系。

建筑策划主体：建筑策划主体也就是建筑策划的决策主体，指的是进行信息处理与反馈的“人”，或由人组成的各种团体。建筑策划主体包括政府部门、开发者、投资者、规划师、策划师、建筑师、使用者、其他专家及利益相关的主体。

建筑策划对象：对象，指作为某种行为或思想目标的事、物或人，建筑策划对象即建筑策划目标指向的信息要素，包括决策对象和客观对象两种类型。

决策对象：指在建筑策划时，与建筑设计相关的需要决策的各方面因素，如有关功能的、形式的、经济的、时间的、生态的、文化的等，在建筑策划时是需要作出决策的对象。

客观对象：与决策对象相对应的是客观存在的客观对象。在建筑策划中，客观对象是指客观存在并对建筑设计产生影响的，客观存在但不需要决策的对象，如气候条件、地质条件、相关强制性法律法规等因素。

在建筑策划理论中，策划对象满足信息需求，策划主体承载信息处理能力，信息输出涉及策划方法、数据处理方法，综合而言，建筑策划主体、建筑策划对象和建筑策划方法这三者是建筑策划的最主要的三个要素，它们互相配合，相互影响，共同构成了完整的建筑策划（图 2-3）。所以本书也将从这三方面入手，对建筑策划理论进行阐述。

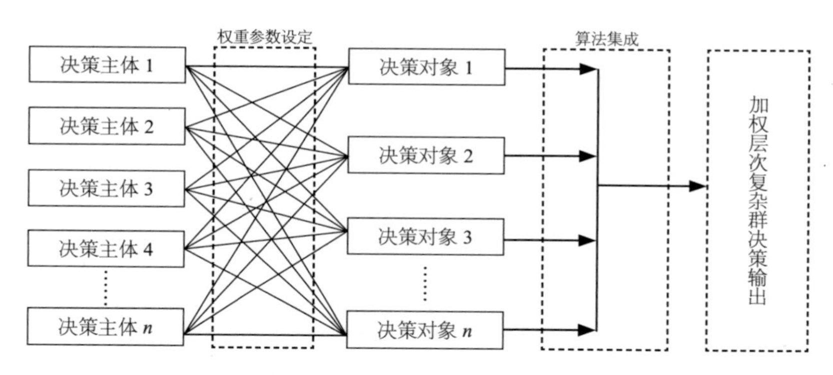

图 2-3　建筑策划群决策策划主体和策划对象交互关系网络

第 3 章 建筑策划主体

3.1 美国建筑策划理论中的建筑策划主体

3.1.1 威廉·培尼亚建筑策划理论中的建筑策划主体

被称为“策划之父”的威廉·培尼亚在实际项目中试图探索更加高效的设计方法来与甲方、项目管理者进行沟通，并且规避项目设计的瑕疵。他将这种探索和解答悉数写入了《问题探查：建筑项目策划指导手册》（Problem Seeking：An Architectural Programming Primer）这本建筑策划手册当中，并于1969年出版。

威廉·培尼亚认为，建筑策划是一个探查问题（Problem Seeking）的过程，而与之对应的建筑设计则是解决这些问题的过程，两者有各自不同的特点，对于能力的要求也有所不同，前者更加强调理性分析，富有逻辑性，而后者则更加直观综合，有经验性的特点。因此，他主张这两部分的工作分开独立进行，由项目策划师和设计师分别完成。他认为，项目策划师和设计师的技能是不同的，项目策划师和设计师是不同类型的专业人士，他们处理的问题都非常复杂，需要两种不同的思考能力：一个是分析，一个是综合。项目策划师分析问题，理清思路、界限，以及潜在的设计问题，而设计师负责综合问题。威廉·培尼亚书中介绍的问题探查方法需要将项目策划和设计完全区分。通过总结分析，我们可知，威廉·培尼亚的策划方法是围绕着业主进行的，目的是为了推动业主作出决策，尤其是在其五步法中的第四步。威廉·培尼亚将项目策划的步骤分为五步：①建立目标；②收集并分析相关事实；③提出并检验相关概念；④决定基本需求；⑤说明问题。这五个步骤分别提出了以下问题：①目标——业主想实现什么？为什么？②事实——我们知道什么？业主提供了什么？③概念——业主想怎样达到目标？④需求——预算和面积是多少？要求什么样的质量？⑤问题——影响建筑设计的突出条件是什么？设计应该遵循的大方向是什么？从这五个步骤需要解决的问题我们可知，五个步骤都是围绕着业主进行的，这也是威廉·培尼亚策划方法的特点之一。

此外，威廉·培尼亚强调，项目策划需要团队的共同努力。项目团队应该由两个领导负责——一个代表业主，另一个代表建筑师。为了项目的成功，他们必须合作。业主是决策者，建筑师是催化剂，催促业主在建筑策划阶段作出决策而不是把问题留待设计阶段。每一个领导都必须能够承担以下工作：协调本小组成员的工作，作出决定或者推动决定的形成，在两个小组内部和小组之间建立并维护良好的沟通。一项项目策划工作有很多人参与（图 3-1）。传统上代表业主方参与的是物权人（或称所有者）和经理人。然而，业主单位的物业使用者和与业主单位有密切关系的社区代表也越来越多地参与业主团队，并在项目策划中发挥积极的作用。这就意味着威廉·培尼亚已经意识到应该有更多相关利益群体参与到建筑策划中来，项目策划的内容应该经得起公众的审视，以达到相互谅解的目的。使用者的更多参与将会产生更加全面的数据，同时，这种积极参与也会引起更多的信息冲突。使用者更关心项目能否满足他们的需求，物权人更关心降低成本和财务控制。

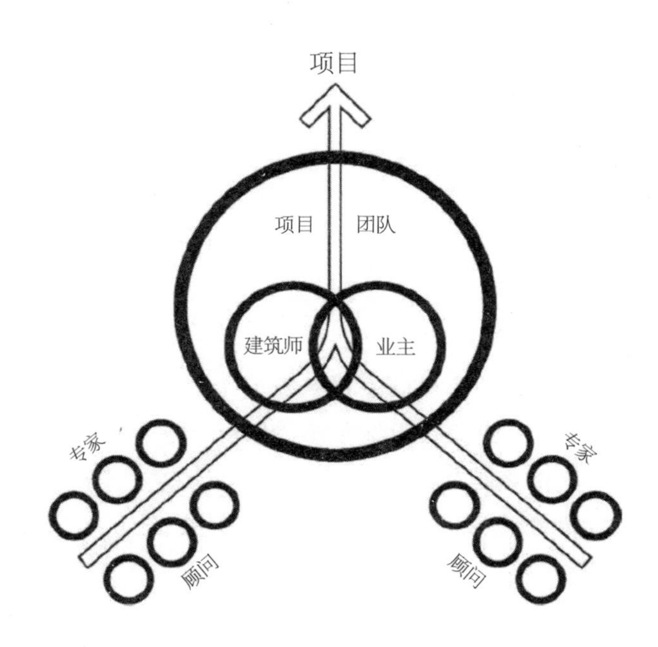

图 3-1　问题探查法中多人参与建筑策划

来源：Pena W M，Parshall SA. Problem seeking：An Architectural Programming Primer[M]. 4th edition. New York：John Wiley & Sons，2001.

与此同时，威廉·培尼亚强调沟通的重要性，他认为为了在许多人群——专业人士、业主、使用者——之间进行有效的、清晰的沟通，必须对收集到的信息进行精心整理。业主和设计师一般不会考虑和评估未经整理的信息。项目策划师收集、组织、展示信息以便于讨论、评估和达成一致。团队工作需要沟通。

3.1.2　赫什伯格建筑策划理论中的建筑策划主体

赫什伯格强调通过工作会议的方式集结各策划主体的意见。他认为对于建筑策划来说，收集和分析信息的最终方法是召开工作会议。这种形式的特点在于进行展示和相互交谈，策划者能够提交前面所收集到的信息，由包含方方面面人员组成的业主 / 用户团来听取汇报，从而界定出所有的问题。业主 / 用户团可以同意或者否决所提交的意见，并获得新信息，重新组织各种素材来进行整合。在完成其他的信息收集技术之后，这种方法可以非常有效地弥补调和种种冲突和差异。同时，这也可以非常有效地让业主 / 用户对先前所提到的价值取向、目标、事实、需求和理想等方面作出决策，这都是建筑策划应当包含的。工作会议是业主 / 用户团进行策划过程中的核心步骤，在策划上达成共识是基本的目标。工作会议获得信息的目的是为了寻求业主 / 用户的认同，来保证策划的准确性和重要性。

通过查阅文献、访谈、观测、问卷调查等信息收集阶段所明确下来的价值取向和价值评估方法需要在工作会议上提交并进行讨论。决策者会不会同意所列出的初步价值评估方法是完整的呢？在前期确定下来的各个因素的重要性的次序，决策者是否认可这种排序？特定项目的目标设置是否恰当？决策者是否愿意在完成这些目标上花费钱财？哪些目标是必要完成的？哪些是不急于完成的，对整个的有效运作不会有严重的影响？前期明确下来的目标、事实或者需求的陈述是否真的很重要，或者仅仅只是某些人的个人偏好，而无需进行支持？换言之，工作会议这个过程可以让策划者、用户 / 业主决策者进行有效陈述，同时也听取对方的意见。

人员组成：业主 / 用户工作会议的成员组成应该包括所有与这个项目利益相关的人员，当然，也应该包括最终使用这个设施的每位成员。在大多数情况下，包含进来上述所有的人也是不切实际的，就需要组成一个代表团。一般情况下，这个团体包括机构的领导者、部门和分支机构领导，还包括业主和用户的代表。

各方的相互作用：在策划者把信息收集阶段的结果进行初步表述之后，业主 / 用户就开始进行信息反馈和讨论。工作会议应该起到综合的作用，把各个方面收集到的信息形成一个整体，来更好地理解整个问题。

3.2 日本建筑策划理论中的建筑策划主体

与欧美以业主为核心，“一切由业主决定”进行建筑策划的观点有所区别，在日本的建筑策划（建筑计画）理论与实践中，更加强调建筑师作为专业人士的作用。基于长期对建筑学领域的细致深入研究，日本建立了一套科学系统的建筑学价值评判以及研究方法体系，以建筑环境心理学以及建筑行为心理学为代表，无论是建筑策划还是建筑设计都比较早就发展得非常专业化，这使得在建筑策划过程和决策过程中，建筑师作为主要策划者，能起到主导作用，并以科学系统的研究方法得出理性的结论。但在此策划方法指导之下，建筑策划还是以建筑师作为专业人士来研究使用者的行为心理，并作为主体来进行策划以及判断得出结论。建筑师对于建筑前期信息的专业化搜集和研究是有优势的，但是对于指导性问题的决策，特别是牵涉多方利益群体的博弈，仅仅建筑师单方面作出决策就难免有失偏颇。

3.3 英国建筑策划理论中的建筑策划主体

弗兰克·索尔兹伯里是英国的一名职业建筑师，同时也是威尔士大学附属学院建筑学的讲师。在《建筑的策划》(Briefing Your Architect) 中，弗兰克·索尔兹伯里将他作为建筑师和大学讲师所积累的丰富实践经历和教学经验悉数记录了下来，方便读者查阅和学习。书中，弗兰克·索尔兹伯里对于策划的背景资料，与策划相关的人及其职责所在、策划的组织管理、策划程序以及策划书的形成等都有详细的阐述。《建筑的策划》作为一本案头参考手册，其主要的目标读者是项目的业主，从业主的角度出发进行项目策划的知识普及，告诉业主如何挑选自己的策划团队并与其有效合作。因此，全书的语言和内容都比较简明易懂，不涉及非常专业的学术用语和方法。

弗兰克·索尔兹伯里认为，任何一个建设项目都会涉及3个主要群体和除了主要群体之外的外界机构，即第四个群体。主要群体包括：①业主，起促进与指导作用；②设计师，设计建筑项目形式与组成；③承包商，建筑的建造者。第四个群体包括立法保障机构、社会和特殊利益部门的维护者等，是间接影响着项目进展的群体。这四个群体，都是策划的参与者，只是对于策划的影响程度有所不同。

业主：业主并不是一个人或某一类人，而是一个群体的总称。在大型复杂项目中，地产所有者并不是最终的使用者，而只有在听取多方面的意见以后才能真正做好一个项目策划，因此，明确业主机构有利于推进项目策划。业主的类型有使用者（最终的业主，可能被忽视的人）、所有者（执行业主）、组织者（执行业主）和投资者。

设计师（设计顾问）：设计顾问团由来自不同专业的专家组成，包括规划师、工程师、建筑师、工程量预算员、景观设计师、室内设计师等。他们是从事策划工作的主要人员，与业主合作，使业主的想法成型。

承包商：建筑承包商的经验在建筑实施的施工阶段十分重要，他们能确保一个项目顺利有序建成。但是承包商的作用不应仅限于施工阶段，在场地施工前的准备阶段让承包商参与策划工作，可以起到事半功倍的效果。

外界机构：外界机构是指除了上述3种主要群体之外的全部外界环境，包括立法与安全保障机构（卫生与安全保障、环境保护组织等）。对于这些组织，设计顾问需要做的就是尽早向负责这些问题的关键人员进行非正式的咨询，让后期策划能够顺利进行。

弗兰克·索尔兹伯的理论初步考虑了建筑策划涉及的利益群体，但是这些利益群体以什么方式参与到建筑策划过程中来，影响和对决策的生成发挥作用，还缺乏明确的方法。

3.4 中国建筑策划理论中的建筑策划主体

3.4.1 庄惟敏建筑策划理论中的建筑策划主体

在《建筑策划导论》一书中，作者强调人是策划主体的指向。实态调查是源于建筑环境中使用者的活动与建筑空间的对应关系的，从家庭生活到社会生活，全部的生活方式与空间环境的关系都是建筑策划研究的内容，离开人和人类活动，建筑就失去了意义，建筑策划也就失去了真实的内容。这是强调在策划中对环境一行为的理论与研究方法的运用。

庄惟敏在明确建筑师进行建筑策划的主体同时，也强调建筑策划获得社会性、公众性的指向。建设目标的实现越来越不只是一个单纯孤立的事件了。建筑策划要求建设目标在社会实践中，强调该目标的实现对社会的影响与效益社会的意义以及在社会中的角色。另一方面，建筑策划也更重视地域、规模、文化对建设目标的影响。建筑主体——使用者对建筑策划的介入越来越法定化。那种凭借投资资本积累大小各唱各的调的时代已被“研究社会弱者”连带社区居民运动的趋势所取代。

3.4.2 邹广天建筑策划理论中的建筑策划主体

在《建筑计划学》一书中，作者虽然没有对建筑策划的主体给出明确的定义，但在谈到 POE 的主体即实施者的时候，提出了“建筑策划师”的定义，认为：“建筑策划师为了策划新的建筑项目以及编制建筑设计任务书而进行的同类建筑物实态的调研与评价工作，使其成为了 POE 的实施者。”由此推断，作者认为进行建筑策划的主体应该是建筑策划师。建筑策划过程中为制定更现实的计划，需进行各种不同的调查包括观察调查、询问调查、意识调查、设计实测、认知（潜在 / 下意识）调查、社会测定法等来收集数据和进行研究。

3.5 现有建筑策划理论中策划主体的分析和总结

总的来说，在现有的建筑策划中，多数是业主为主导，建筑师进行辅助的模式，这种方式存在着一定的局限性，当前的许多建设项目都牵涉社会公众的利益，我们应该综合考量相关利益群体之间的利益博弈，即多主体参与的建筑策划方式。

3.6 建筑策划群决策理论中的建筑策划主体

“建筑策划群决策”理论认为：决策主体除了传统建筑策划所关注的业主、建筑师、使用者以外，还加入社区、政府有关管理机构（如规划局）、专家、已建案例使用者、后期施工人员等等。根据决策主体参与程度和所担负责任不同，需要在群决策中赋以权重。初步分析每一类决策主体内部都以群体状况出现，因而其内部有第二层次的群决策研究。

由于参与决策的主体在不同决策对象中所负责任不同，权重也就不同，基于概率的问卷调查以及 SD 法等传统建筑策划手段，是以概率统计为数理基础的，而本理论研究在此基础上对决策主体赋予了另外一个维度——权重参数，以对主体权重的能力赋予为基础，构建建筑策划群决策决策主体信息处理能力网络（表 3-1）。

建筑策划群决策策划主体信息处理能力网络要素 **表3-1**

类别	要素	属性与权重能力参数赋予
节点	使用者	关注项目的实用相关，权重向功能、形式倾斜
	业主	关注投资回报与社会形象等，权重向经济、时间倾斜
	建筑师	关注项目的形式表达和设计理念实现，权重向功能、形式、时间倾斜
	相邻社区	关注项目对周边社区和建筑物使用的影响，权重向形式倾斜
	政府管理部门	关注项目的社会价值与合法性等，权重向功能、形式倾斜
	其他等等	根据要素的属性对不同决策对象赋予权重参数
连接	正式	命令关系、回报关系、领导关系
	非正式	知识关系、人际关系、利益关系、通信效率

3.6.1 策划主体的分析

在建筑策划群决策模型中，决策对象满足信息需求，决策主体承载信息处理能力。在这一章节，本书分析了众多建设项目中的相关利益群体，由此为基础界定建筑策划的主体，并对决策主体的界定原则（信息原则——决策主体应该较为全面地了解项目建设情况，并有获取必要信息的能力；责任原则——决策主体须对决策负有责任；影响力原则——决策主体对决策活动具有一定的影响力）和角色特征（利己性——决策主体是某利益群体的代表，受自身利益的驱动；偏好性——决策过程的每一个环节都包含了决策主体的偏好）进行解析，设想建筑策划的决策主体参与机制，在此基础上，从选择决策主体、配置决策权、确定参与方式三个方面出发，构建建筑策划主体模型，使得利益相关群体都真正参与到决策中来。

3.6.2 策划主体的界定

策划主体是人或者由人组成的群体，因此相对复杂，只有先确定好界定策划主体的原则，才能在原则的指导下对策划主体作明晰的界定。界定项目决策主体的原则主要有：

（1）信息原则：一方面决策主体必须要较全面深入地了解项目建设情况，并且具有可靠便捷的获取必要信息的途径。

（2）责任原则：人是复杂的动物，在不承担任何责任的情况下，就容易滥用决策权力，从而导致决策失误。所以选择的决策主体必须对决策负有责任，促使其尽力做好决策工作。

（3）影响力原则：影响力可分为广义与狭义。广义的影响力指的是任何能够直接或者间接影响到决策结果的力量，比如通过对决策者施加压力，影响决策者的判断，在实际生活中，公众游行抗议就是一种间接影响决策的影响力。而狭义的影响力指的是直接影响决策结果的力量。本书的影响力指的是狭义的影响力，策划主体必须对策划活动具有一定的影响力，也就是说参与策划的策划主体在策划过程中具有一定的决策权力。策划主体的影响力配置一般由决策活动的策划者根据不同的项目类型提前进行科学配置。

根据策划主体的界定原则，本书将建筑策划群决策的策划主体定义为：能够参与项目决策活动，并对决策的制定具有一定影响力的个人或组织。策划主体是整个项目决策团体中的核心部分也是项目策划系统的中枢，本书对策划主体进行界定的目的不是为了给出一个能被广泛接受的概念，而是为了明确本书的研究对象，便于进行更加深入的探讨。

相关群体指的是建筑策划过程中所涉及的群体，他们可能是与项目直接的利益相关群体，也可能是关心城市发展的学者或大众。之所以从相关群体入手，主要是因为目前我国建筑策划的策划过程中，策划主体相对比较单一，参与主体也比较有限，只有全面地分析相关群体，了解各个群体的特征，才能更进一步科学有效地确定决策主体的组成。

《中华人民共和国城乡规划法》等法律规范针对不同的参与事项，将参与主体限定为公众、专家、利害关系人等。针对大型复杂项目的特点，我们参考《城乡规划法》，将相关群体限定为：政府、公众、专家和利害关系人。以下分别对各个概念作清晰界定。

1. 政府

政府指的是“行使国家公权力的主体”，具体到组织与人就是“行使国家公权力的政府机关及其工作人员”。

2. 公众

公众指的是“不行使国家公权力的主体”。在我国的法律规范中，公众与专家是相并列的概念。[1] 但值得说明的是，“公众”这个概念在法律上并没有统一的含义，有时

[1] 《城乡规划法》第26条规定：“城乡规划报送审批前……征求专家和公众的意见”，“组织编制机关应充分考虑专家和公众的意见……”

候指不行使政府权力的个人和组织，有时候特指不包括专家在内的普通公众。本书所指的公众相当于我们平常所说的普通市民，只要不行使国家政府权力且不以专家身份出现的主体就可称之为公众。

3. 专家

专家指的是“在学术、技艺等方面有专门技能或专业全面知识的人”或者“擅长某项技术的人”❶。专家有可能存在于社会中，也可能存在于政府部门中，本书所限定的专家指未进入政府部门而具有专业技能的人士。大型复杂项目的综合性较强，专家不仅包括建筑师、结构师等，还包括其他知识背景的专业人士。

4. 利害关系人

借助于特定主体在社会中的背景以及与政府间的关系，我们很容易就可以界定出公众和专家。但是大型复杂项目所涉及的利益群体十分庞大，如何判定利害关系人就十分复杂，在此将利益关系人分为四类，其他实际操作中根据具体项目再作增减。

（1）项目投资者，即开发商，以房地产开发经营为主体的企业，他们通过实施开发过程而获得利润。

（2）项目地块内利益关系人，即需要动迁的原地块内的使用权人以及所有权人。

（3）项目地块周边利益关系人，即那些会受到建筑活动影响的公众，主要是相邻地块的使用权人以及相邻建筑物的所有权人。在项目的实施过程中，可能会对周边的个人、组织造成环境污染、采光影响等，给经营环境和生活带来较大的影响，导致对他人的直接损坏。

（4）项目使用者，即项目落成使用后项目的使用者、经营者与维护管理者。

3.6.3 策划主体的特征

前面已经对策划主体作了一个清晰的界定，我们知道策划主体的组成是“人”，但人又是复杂的，马克思认为人是其自然属性和社会属性的对立统一体，人是社会关系的总和。人的复杂性使得不同领域的学者都不得不对人作些假设，比如经验人假设、经济人假设、社会人假设、系统人假设、情绪人假设等等。但是，也有学者对各种假设提出质疑，认为每种假设都有其片面性，比如社会协作系统学派的创始人切斯特·巴纳德（Chester I. Barnard）就提出了“有限理性人”的概念，认为人并非是“完全理性的经济人，而是只具有有限的决策能力和选择能力”。美国管理学家、社会科学家和决策理论学派的重要人物赫伯特·西蒙（Harbert A. Simen）继承并发展了巴纳德的概念，认为人们通常都不可能获得与决策相关的全部信息，况且认为大脑思维能力是有限的，因此任何个

❶ 中国社会科学院语言研究所词典编辑室编．现代汉语词典 [M]. 第 5 版．北京：商务印书馆，2005：1787.

人在一般条件下只能拥有“有限理性”，人们在决策中不可能追求“最优”结果，只能追求“满意”结果。[1]

本书就不再对“人”进行深入地探讨，而是归纳出决策主体的两个基本特性，作一个基础性的界定，以便于更深入地研究“策划主体”的其他方面。这两个基本特性是：

（1）利己性：植物具有向阳性，草履虫具有趋光性，动物会随着季节的变化大规模迁徙等等都可以证明“趋利避害”是一切生物的本性，而人类作为地球上生存的生物，也具备这一本性。人追求生存和发展的欲望是无限的，而这种欲望在社会中就表现为“利己主义”。策划主体是某利益群体的代表，也是生活在现实社会中的人，有生存、发展和享受等方面的需求，需要得到满足。因此他们也会受到自身利益的驱动，试图将最终决策导向利己的方向。决策主体在群决策中具有一定的决策权力，“利己性”就会驱使其运用手中的权力去追求自己的利益。孟德斯鸠（Montesquieu，1689—1755）在著作《论法的精神》中说过：“一切有权力的人都容易滥用权力，这是万古不变的一条经验。有权力的人使用权力一直到遇到有界限的地方才休止。”[2]孟德斯鸠所说的“滥用权力”是以第三者的角度来看的，如果从决策主体自身角度来看，就是“利己性”。

（2）偏好性：在群决策的决策过程中，从决策问题的确定，再到决策方案的制定，决策方案的实施等等，每个环节都包含了策划主体的偏好，都是决策主体偏好选择的结果。决策都是由人作出的，既然是人，就很难摆脱“利己性”的束缚，而在群决策过程中，他的“利己性”会直接影响到他的决策行为。个体偏好产生的原因可以归结成以下几个方面：①心理因素，包括其成长背景、选择动机、参与态度等；②社会因素，包括其职业、人脉、能力等；③生理因素，包括其年龄、性别等。各方面的因素决定了决策主体的自身素质、认识问题的方法和对决策的“审美”，从而造成选择的不同。

3.6.4 策划主体的权重配置

通过对我国项目策划过程中不同群体决策影响力的研究，以及国外相关群体参与项目决策的情况，我们对我国在大型复杂项目建筑策划群决策中不同群体的决策权配置给出相应的建议。

1. 政府与投资者

通过上述的分析，我们知道在实际的项目中，政府与项目投资者对项目决策的绝对影响无处不在，这与其手中拥有的决策权过宽、过泛、过大不无关系。因此我们有必要在项目决策过程中合理规定政府职能，并清空越位的政府职能，让位于其他决策主体。

[1] [美]赫伯特·A·西蒙．管理行为[M]．北京：机械工业出版社，2013.

[2] [法]孟德斯鸠．论法的精神[M]．北京：北京出版社，2012.

决策影响力具有很大的惯性，如果政府与项目投资者过于具体、明确地表达自己的选择偏好，或者过于强调某些决策原则，单方面提出某些议案，或者将项目计划规定得过于具体，那么他们的决策影响力就会有很大的作用力和连续性，在决策过程中强制性地影响着其他的决策主体，不可避免地会出现“一致赞成”、“全体支持”的趋同现象，那么决策主体多元化就失去了其科学性和民主性，变得毫无意义。因此，有必要适量地削弱政府与项目投资者的决策权或者使其战略决策适度“模糊化”，从而让出足够的空间来容纳多个决策主体的多元化偏好和多样化期待，获取更多不同的声音，让决策保持一种开放自由的状态，正常地发挥各个决策主体的作用。同时，也会使决策机制更具自我适应和自我调节功能。

2. 专家

如今，大型复杂项目管理活动专业化程度越来越高，分工也越来越细，因此借助专家的力量对提高决策正确率具有重大的意义。所谓的“专家”就是指在某一特定的领域里面，具有丰富的专业知识和实践经验，有极高解决问题能力的学者或专业人士。专家学者长期从事某一领域的研究，学多识广，往往能够更深层次地发现建设项目决策过程中存在的问题，并且提出针对性的解决对策。建筑师属于专家，但是又有所区别。一方面，建筑师与其他专家一样，必须为项目提供技术支持；另一方面，建筑师又是项目策划的管理者、协调人。也就是说，建筑师会更加全面深入地参与到整个建筑策划的过程中。所以，建筑师和专家是很重要的决策主体。但是在实际项目的决策过程中，他们的介入往往是被动的，处于一个比较尴尬的位置，同时，他们参与决策也存在很大的随意性，以临时成立的组织形式，如顾问团形式，介入到建设项目决策过程。对建筑师与专家的参与行为没有强制性的约束机制，不可避免会出现其决策权缺失的情况。因此有必要将专家从“咨询”的位置提升到“合作”乃至“授权”的位置，为专家在决策的过程中争取到更多的话语权。

3. 项目使用者

从某种程度上讲，项目使用者的参与是至关重要的，因为项目对他们的影响最大。使用者需要什么样的项目，只有他们自己才最清楚。但是在实际的项目决策中，他们却处于被动地位，只能象征性地参与或者偶尔自发参与。项目使用者和项目维护管理者的参与方式种类较少，多为公示；有时会采用问卷调查、座谈会、听证会等方法收集意见，沟通协调。这种被动式的决策参与使其在决策过程中缺乏足够的影响力，形同虚设。科学合理的多主体决策机制应该改善项目使用者的决策影响力，在决策阶段就大量吸收来自项目使用者群体的声音，为后期的深入设计提供有力的依据。

4. 公众与其他利益关系人

大型复杂项目一般都是城市的标志性项目，而且通常是用于服务社会的项目，公众的参与一方面可以提供充足的信息，另一方面还能够增加项目建成后的可接受度。所以在项目决策阶段合理地引入公众和其他利益关系人往往会得到事半功倍的效果。

3.6.5　建筑策划群决策的策划主体模型

这一节的目的在于从选择决策主体、配置决策权、确定参与方式三个方面出发，构思一个建筑策划群决策的策划主体模型（图 3-2）。

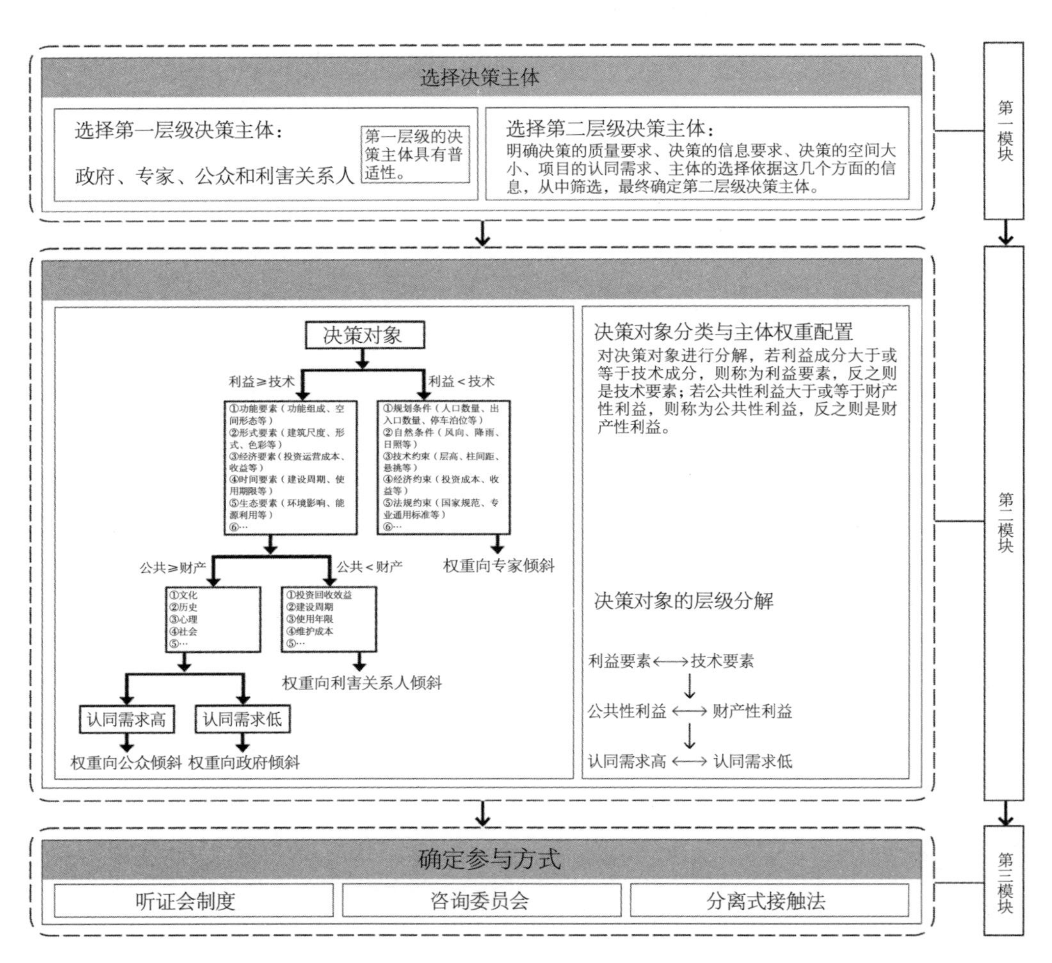

图 3-2　建筑策划群决策策划主体模型

1. 模型第一模块——选择策划主体

项目管理者（策划组织者）必须决定策划主体的组成。这里涉及至少两个层级以上的问题，第一个层级是，决定哪些相关利益群体成为决策主体。我们前面分析了大型复杂项目的相关利益群体组成，而在实际的项目操作中，是否所有的相关利益群体都该参与？或者说该如何界定应该参与决策的相关利益群体？第二个层级是，每个相关利益群体的代表该如何选择？比如说我们选定项目使用者作为决策主体，假定我们只与其中少数的使用者接触，那么民主性和科学性就会受到限制，但如果我们邀请所有的使用者都参与决策，那势必会影响效率和质量。

我们在前文相关群体的分析中，将相关群体分为政府、专家、公众和利害关系人，针对每个具体的项目，这四类群体的参与都特别重要。一方面他们可以为项目管理者提供足够多的信息，另一方面他们的参与可以增加项目建设完成后的社会接受度。因此在第一层级的决策主体选择上，我们对应地将决策主体确定为：政府、专家、公众和利害关系人。

第一层级的决策主体具有普适性，而第二层级的决策主体必须要根据具体项目具体选择，没有一个通用的决策主体参与名单。我们在这里主要提供一个第二层级决策主体选择的参考方法。在进行第二层级决策主体的选择之前，我们有必要较深入地剖析项目，明确以下几个方面的信息：决策的质量要求、决策的信息要求、决策的空间大小、项目的认同需求、主体的选择依据，并从中层层筛选，最终确定第二层级决策主体。

2. 模型第二模块——配置决策权

我们根据西蒙的决策要素理论，将决策要素分为事实要素与价值要素，对应到具体的决策对象中即为技术要素与利益要素。我们以此为基础，一步一步分解决策对象。当然，分解之前我们有必要强调的是，大部分决策对象都无法很明确地分为技术要素、利益要素，因为两者之间往往都没有明确的界限，而且常常都是相互交融的。我们分解的依据是，若利益成分大于或等于技术成分，则称为利益要素；若利益成分小于技术成分，则称为技术要素。以此类推，在利益分类阶段这个原则也适用，即公共性利益大于或等于财产性利益，则称为公共性利益；公共性利益小于财产性利益，则称为财产性利益。

1）比较利益与技术

“利益≥技术”的主要有：①功能要素，包括功能组成、空间形态等；②形式要素，包括建筑尺度、形式、色彩等；③经济要素，包括投资运营成本、收益等；④时间要素，包括建设周期、使用期限等；⑤生态要素，包括环境影响、能源利用等。

“利益＜技术”的主要有：①规划条件，包括人口数量、出入口数量等；②自然条件，包括风向、降雨、日照等；③技术约束，包括层高、柱间距、悬挑等；④经济约束，包括投资成本、收益等。

对于“利益＜技术”的决策对象，权重向专家倾斜；对于“利益≥技术”的决策对象，必须对决策对象进一步分解。

2）比较公共性利益与财产性利益

“公共性利益≥财产性利益”：主要是涉及文化、历史、习俗、心理、社会等。

“公共性利益<财产性利益”：主要涉及投资回收效益、建设周期、使用年限、维护成本等。

对于“公共性利益<财产性利益”，权重向利害关系人倾斜；对于“公共性利益≥财产性利益”，必须考虑另一个问题：项目的认同需求。若认同需求高，则权重向公众倾斜；若认同需求低，则权重向政府倾斜，如图 3-3 所示。

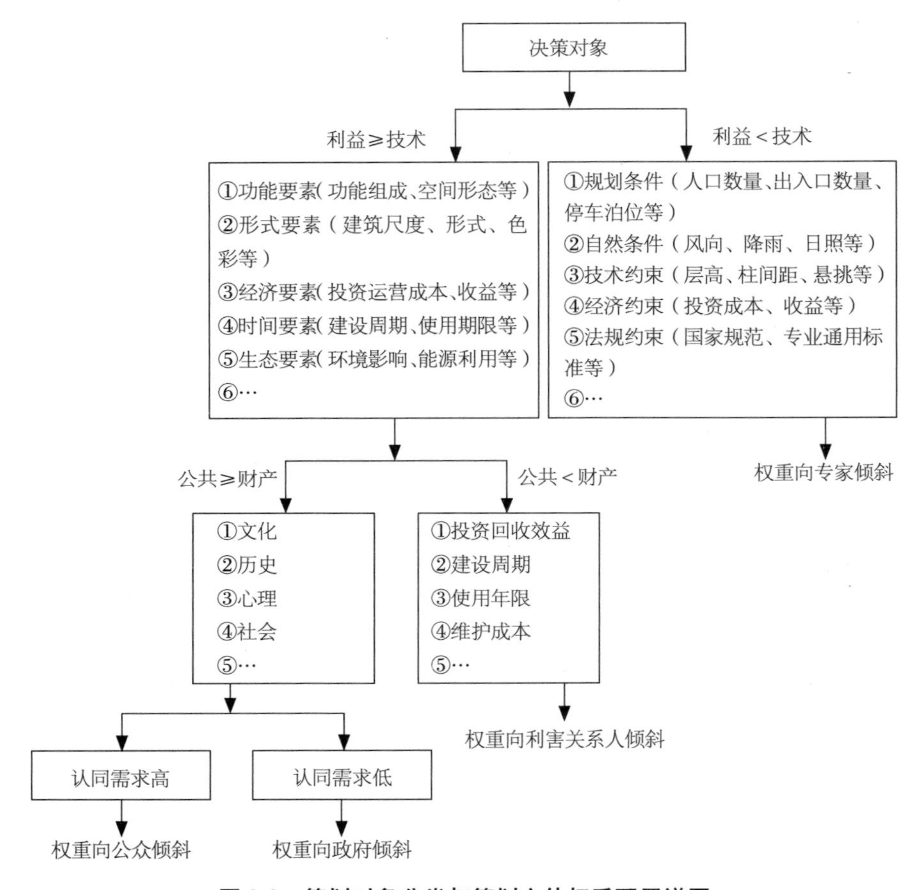

图 3-3　策划对象分类与策划主体权重配置详图

3. 模型第三模块——确定参与方式

以上我们确定了决策主体，也分析了决策权在决策主体之间的权重倾向，最后一步就是要确定多决策主体的参与方式。下文主要介绍比较具有代表性的三种策划主体参与方式：

1）听证会制度

“听证”原来是西方司法程序上的一项重要内容，其法理渊源是英国普通法中的“自然公正原则”和美国的“正当法律程序”，后来被很多领域采用并得到不错的效果，是至今为止最常见的多决策主体参与决策的正式形式。

2）咨询委员会

咨询委员会就是一个相对小型的听证会制度，主要是为了克服听证会制度中规模大、时间长的劣势，并发挥其透明性、意见反映充分和程序性强的优势。在大型复杂项目建筑策划的群决策中，咨询委员会就是集合相关群体代表联合举办的小型听证会，这些代表来自政府、专家、公众、利害关系人并具有较高的代表性，总人数最好不超过20人，每个群体的人数可以依据具体的项目与决策对象再作定夺。比如针对技术性较强的决策对象，根据前文的分析决策权配置就该向专家倾斜，故专家的人数可以适当增加。

3）分离式接触法

分离式接触法指的是分开对不同的群体征求意见，并通过计算机的方式汇总不同的意见，最终得出决策结果。分离式接触法包括两个大步骤：第一个是调查，也就是资料、信息的收集；第二个是分析，也就是对已收集的资料进行研究分析，并得出相应的结论或解释。

日本建筑学会编著的《针对建筑学·城市规划的调查分析法》中，根据调查方式的不同，将调查分为五种：访问类、观察类、捕捉意识类、实验类和资料调查类。本节的分离式接触法主要针对其中的访问类，其中最常用的具体方法就是问卷调查。

以上着重分析了听证会制度，并简要介绍了咨询委员会与分离式接触法，当然还可以引申出很多其他的多决策主体参与的方法，但是比较有效的是这三种，其他的就不再赘述。在实践过程中，项目管理者不应该只局限于其中一种参与方式，而是应该将多种参与方式相结合，这样可以适当地减少各个参与方式的劣势，增加它们的优势。项目管理者必须要考虑具体项目具体问题的内在性质和要求，并且时刻关注问题随时间以及参与方式不同所产生的变化，不断地调整战略，才能够最大限度地提高决策过程中的有效性。

本章通过界定大型复杂项目建筑策划群决策的决策主体，对决策主体的界定原则和角色特征进行了详细的解析，进而对现行的大型复杂项目决策主体影响力进行了实证研究，揭示了我国大型复杂项目决策的特点和规律，并提出了相应的改善建议。综合应用法学、经济学、管理学、统计学等学科原理和知识，构思了一套大型复杂项目建筑策划群决策的决策主体组织机制。初步解决了多决策主体参与决策的四个重要问题：决策主体的组成、决策主体的权重配置、决策主体的参与方式、群决策决策主体模型构建。

关于大型复杂项目群决策的决策主体研究依然有许多工作需要进行更深入的研究和验证，对于如何选择决策主体、如何配置决策权重、如何选择参与方式三大问题也需要进行更加深入的拓展研究。

在我国建筑学领域，建筑策划理论在实践过程中常与地产策划、商业策划相混淆。随着决策主体多元化的必然转变，会有越来越多的大型复杂项目重视建筑策划群决策，对决策主体的研究也有待更密切结合实际项目进行验证和发展。

第4章 建筑策划对象

4.1 美国建筑策划理论中的策划对象

4.1.1 威廉·培尼亚的策划对象

威廉·培尼亚认为策划对象＝四大内容（功能、形式、经济、时间）。

建筑策划之父威廉·培尼亚，经多年的实践与理论研究，于1969与斯蒂文·帕歇尔（Steven Parshall）共同出版了《问题探查：建筑项目策划指导手册》（Problem Seeking：An Architectural Programming Primer）一书。该书的核心理论是提出了"问题探寻法"，将建筑策划视为问题探寻的过程；而建筑设计则是问题解决的过程。书中系统阐述了建筑策划的方法、步骤、内容，以及策划的技术等。

威廉·培尼亚将被策划项目的所有相关的策划对象（策划内容）分为四大项：功能、形式、经济、时间（表4-1）。其中，每一项又包含三个因素。功能表示人将在建筑中发生什么活动，也即功能的下一层级因素为：人、活动、（空间）关系。形式暗示此处将会出现什么，与场地、物理与心理环境、空间与建筑的质量相关。经济则包含一个建筑从出现到消失的费用状况，如初期预算、运营费用、全寿命费用。时间因素包含三个方面：过去、现在、未来。过去表示对历史因素的考虑，现在则是时代因素的体现，还有对未来的影响等。策划对象与策划程序，共同组成最终的策划对象系统信息矩阵，见表4-2所列。

"问题探寻法"策划对象节点要素 **表4-1**

功能	1. 人 2. 活动 3. 关系
形式	4. 基地 5. 环境 6. 质量
经济	7. 最初预算 8. 运行成本 9. 生命周期成本
时间	10. 过去 11. 现在 12. 未来

来源：Pena WM，Parshall SA. Problem Seeking：An Architectural Programming Primer. New York：John Wiley&Sons Inc.，2001.

问题搜寻法策划对象系统信息矩阵表　　表4-2

	目标	事实	概念	需要	问题
功能 人 行为活动 空间关系	任务 最大数量 个体特征 互动 / 私密 价值等级 主要活动 安全 分隔 邂逅 交通 / 停车 效率 优先关系	统计数据 面积参数 人员数量预测 用户特点 社区特点 组织结构 潜在损失的价值 运动时序研究 交通分析 行为模式 空间满足 类型 / 密度 物理限制条件	服务分类 人员组团 活动组团 优先 等级 安全控制 连续的流线 不连续的流线 混合的流线 功能关系 交流	面积要求 由机构决定 由空间类型决定 由时间决定 由位置决定 停车需求 户外空间需求 功能的转换	能够形成 建筑设计 的唯一的 和重要的 性能要求
形式 场地 物理和心 理环境 空间和建 造质量	对场地因素的成见 环境的回应 有效的土地利用 社区关系 社区进步 物理的舒适 生命安全 社会和心理环境 个体 解决方案 项目意象 客户期望	场地分析 土壤分析 FAR&GAC 气候分析 规范 周围环境 心理暗示 参考点 / 起点 费用 建筑物或平面布局 的效率 设备费用 每个单元的面积	增加 特殊地基 密度 环境控制 安全 邻里 居家办公 / 办公 概念 定位 可达性 特性 质量控制	场地开发成本 环境因素对成本 的影响 建筑物成本 建筑物总体的效 率因素	将影响建 筑设计的 主要形式 因素
经济 最初预算 运行成本 生命周期 成本	资金的范围 投资效率 最大回报 投资回报 运行费用最小化 维修和运行支出 减少全寿命成本 可持续发展	成本参数 最高预算 用时要素 市场分析 能源消耗 活动和气候要素 经济数据 LEED 等级系统	成本控制 有效分配 多功能性 商品销售 能源节约 降低成本 循环再生	预算估计分析 预算平衡 现金流分析 能源预算 运行费用 绿色建筑等级 生命周期成本	对于最初 的预算以 及它对建 筑物的构 造和表面 形状的影 响的态度
时间 历史 现实 未来	历史性保存 静态和动态活动 变化 生长 已知数据 可用资金	重要性 空间参数 活动 预测 持续时间 增加的因素	适应性 宽容度 可变性 扩展性 线性 / 并发的计划 分阶段	增加 时间进度表 时间 / 成本进度 表	在长期的 性能方面， 变化和生 长的含义

资料来源：Pena WM，Parshall SA. Problem Seeking：An Architectural Programming Primer[M]. New York：John Wiley & Sons Inc.，2001.

4.1.2 赫什伯格的策划对象

罗伯特·赫什伯格认为策划对象 = 8 大价值。

除了威廉·培尼亚，建筑策划理论的另一代表人物——罗伯特·赫什伯格认为价值取向是建筑策划的基础，也是建筑策划的重要对象内容。价值取向体现出相关利益主体的内在想法、目的、需求，甚至信仰等等，它们共同构成了策划的骨架。策划师需要在最后的策划报告书中明确地体现出政府部分、投资者、使用者、建筑师等利益相关群体的价值取向，并清楚地陈述出它们与策划内容中的目标、概念、需求等的对应关系。

赫什伯格在综合了前人关于建筑的价值观的基础上，如维特鲁威提出的衡量建筑的 3 大价值观——实用、坚固、美观，亨利·沃顿（Henry Wotton）在 17 世纪提出另外的 3 种价值观——坚固、有益、愉悦，马斯洛的需求金字塔理论等，提出了当今建筑的 8 大价值领域，即 8 大策划对象：

有关人的（Human）：功能的、社会的、物质的、生理的、心理的。

有关环境的（Environmental）：场地、气候、脉络、资源、垃圾。

有关文化的（Cultural）：历史的、风俗的、政治的、法律的。

有关技术（Technological）：材料的、系统的、程序的。

有关时间（Temporal）：生长、变化、持久。

有关经济（Economic）：财务、施工、运行、维修、能源。

有关美学（Aesthetic）：形式、空间、色彩、含义。

有关安全（Safety）：结构的、防火、化学的、个人的、犯罪的。

赫什伯格认为此 8 个价值要素是当今建筑设计与策划关注的重要课题，它们影响到建筑的使用品质、形态、经济效益、安全保障等。策划的重要任务之一是查找出相关利益主体的各项价值取向，并分析、衡量与确定出其中最重要的，以指导下一步的设计工作。

赫什伯格策划理论的策划对象信息框架表 表4-3

	价值	目标	事实	需要	理念
人					
环境					
文化					
技术					
时间					
经济					
美学					
安全					

来源：Hershberger R. Architectural Programming and Predesign Manager[M]. New York：McGraw-Hill，1999.

策划对象的 8 个价值与利益群体的价值观、目标、事实、需求、理念共同构成了赫什伯格策划理论的策划对象信息框架表（表 4-3）。以该表为框架，将收集到的各利益主体的各项信息填充其中，以便进行下一步的整理、分析与归纳。

4.1.3 唐纳·杜尔克的策划对象

唐纳·杜尔克认为，策划对象 = 需要界定的问题 + 问题的属性。

他认为建筑策划中各类信息收集与处理的过程，实质是问题界定的过程。这些需要界定的问题具有不同的属性。

在唐纳·杜尔克的观点中，问题是指影响到下一步设计的重要因素，也即建筑策划的对象；包括客观存在的自然环境因素与社会环境因素，以及投资者与使用者的主客观需求与判断等。他认为与设计相关的问题包括事实、价值、目标、效能需求、概念 5 个方面，这些问题的属性有私密性、安全性、地域性、意象上、维护上、舒适性、可听性、可视性等。由它们共同构成了唐纳·杜尔克策划方法的策划问题信息框架，也即策划对象的信息系统。其中事实为主体和客体的客观现状；价值为利益相关者对各项属性的价值体现；目标为设计最终需要实现的任务；效能需求为设计的衡量标准；概念即为组织观念的呈现（表 4-4）。

唐纳 · 杜尔克建筑策划模式与内容　　表4-4

问题	私密性	安全性	地域性	意象上	维护上	舒适性	可听性	可视性	其他
事实									
价值									
目标									
效能									
需求									
概念									

来源：（美）Donna P. Duerk. 建筑计划导论 [M]. 宋立垚译 . 台北：六合出版社，1997.

4.2 日本建筑策划理论中的策划对象

日本建筑计划：计划对象 = 建筑物理、空间、结构、人体工程学、环境、文化、心理、可持续发展等。

日本建筑计划理论始于 19 世纪的明治中期。二战后，日本城镇遭到严重破坏，社会经济亦受到严重影响。如何在经济、资源等条件有限的状况下进行城市的恢复建设工作，成为迫切需要解决的社会问题。当时一批建筑计划学者、政府部门，特别是开发商均注重城市恢复建设的前期研究工作。此阶段的建筑计划研究主要为可行性研究、设计任务书的确定、技术方案与施工管理等。到20世纪末时，日本建筑计划研究涉及范围较广，如建筑环境的研究、行为心理研究、空间计划、实态调查手段与方法等。建筑计划理论研究的普及，有效地加强了城市设计与建设之间的衔接，提升社会资源与经济的实际效益。

日本建筑计划理论发展较早，建筑计划理论的研究呈多元化，因而关于建筑计划的对象内容，不同的时期、不同的学者提出了不同的见解（表4-5）。

日本建筑计划理论主要论著中的计划对象 表4-5

年份	学者/出版社	论著	计划对象
1934年	东京常磐书房	《高等建筑学》	室内环境、光、热、家具、楼梯等
1954年	彰国社	《建筑学大系统》	批评学、美学、形态、色彩、构造、尺寸、空间、平面、文明等
	青木正夫	《建筑计划学》	建筑计划的5个要素：空间、时间、人及关系、物（人为与自然）、情感
1987年	冈田光正	《建筑计划2》	地理环境、功能、形态、结构、技术、安全、美、法规、知觉行为、尺寸规模、内外部空间
1992年		《日本建筑学会大会学术讲学概集》	住宅、其他建筑类型、一般计划。其中住宅又细分为不同的区域、类型、平面、使用者，以及使用者的空间感受等方面。一般计划主要为与各类建筑密切相关的各要素，如环境、心理、安全、基础、构法等
2001年	宇野求	《图说教材——新建筑计划》	形式，样式，素材，自然要素—光、风、水，装置——家具与机械，尺寸与维度，功能，变的部分和不变的部分，动的部分和不动的部分，人的空间——私密与公共，物的空间——物品流动的空间/物品存放的空间，入门/出口，实体的空间/信息的空间，移动机械—汽车、电梯、自动扶梯、其他
2005年	日本建筑学会/	《学习建筑计划》	建筑的生命周期、相关主体、风土、文化、社会、法规、健康、可持续发展、节能、体验、心理行为、空间等内容；第二大部分论述了建筑各的各要素，如规模、流线、尺寸、比例、安全、绿化、行为等内容；最后还分类讨论了各类型建筑计划的要点

20世纪初，日本建筑计划的内容包括建筑物理、建筑结构等。如东京常磐书房1934年出版的《高等建筑学》，论述内容有室内环境、光、热、家具、楼梯等。到20世纪中期时，建筑计划的内容较为广泛。如彰国社1954年出版的《建筑学大系统》，该书涉及批评学、美学、形态、色彩、构造、尺寸、空间、平面、文明等内容。青木正夫在论著《建筑计划学》中，提出建筑计划的5个要素：空间、时间、人及关系、物（人为与自然）、情感。

1987年冈田光正等出版的《建筑计划》，分别论述了建筑计划中的地理环境、功能、形态、结构、技术、安全、美、法规、知觉行为、尺寸规模、内外部空间等对象内容，另外还讨论了建筑计划的方法与计划表现等。

2005年日本多名建筑计划学者合著《学习建筑计划》一书，第一大部分讨论了与建筑相关的各外在因素，分多章节论述了建筑的生命周期、相关主体、风土、文化、社会、法规、健康、可持续发展、节能、体验、心理行为、空间等内容；第二大部分讨论了建筑的内在因素，论述了建筑各的各要素，如规模、流线、尺寸、比例、安全、绿化、行为等内容；第三大部分则分各类建筑进行讨论，对前面的因素进行综合，分类讨论了各类型建筑计划的要点。该书很大程度拓展了建筑计划的研究内容。

4.3 英国建筑策划理论中的策划对象

弗兰克·索尔兹伯里建筑策划理论中的策划对象内容，从一个策划发展的过程中可以看到各个阶段都有各自不同策划对象(表4-6)。包括对建筑项目或场地的咨询与评估，进行可行性研究，设计草图，成本预算等。内容涵盖比较详细，根据项目进展的时间阶段来分类。

索尔兹伯里的策划对象　　表4-6

业主行为	策划的素材	顾问的行为
RIBA* 的A阶段——初始阶段 考虑建造的必要性 建立起支持机构（工作团队、委员会或代表机构） 任命顾问 与顾问交换意见 为策划纲要提供信息	决策建造该建筑的历史事件 业主、咨询公司以及全体职员的具体情况 项目的时间安排 策划纲要：政策决议，建筑项目的目标与功能，建筑场地与服务设施的情况，建造要求与成本限制的基本情况	对建筑项目或场地进行初步的咨询与评估 得出策划纲要并加以校核
RIBA的B阶段——可行性研究阶段 对使用者展开调查研究 考虑可行性研究成果以及分析研究与报告 发展完善策划书	对策划纲要中关于建筑场地环境、空间需求、各个功能内容以及它们之间的关系、室内环境和影响运作的因素等内容进行尽可能详尽的增加和修订 关于业主资金安排的更准确的信息	调查与研究建筑场地现状与地理位置 咨询法定的权威机构 进行可行性研究并对策划书的特征进行分析研究 提议召开有关成本、竣工日期的会议 获得更多的信息、指导并帮助收集策划资料
RIBA的C阶段——纲要提出阶段 接收设计与报告并加以评估 接受设计纲要与成本预算并加以批准	评估后对策划书进行修改并添加内容 完成有关房间的资料统计表	形成设计的第一份草图以供分析 完成设计纲要和成本预算 完成与法定权威机构的非正式协商

续表

业主行为	策划的素材	顾问的行为
RIBA 的 D 阶段——方案设计阶段 接受完整的设计方案和成本核算并加以批准（如果满意的话），指导示意草图的准备工作 委托提交正式的公文以获取正式的批准	修改意见与更多细节问题 房间布局以及在特殊房间与区域的家具和设备的摆设等细节问题	准备完整的设计规划和成本预算 如果项目通过了审批，准备好示意图，透视草图或建筑模型 申请规划和其他部门的批准
在这个阶段策划与方案设计之间的关系将更趋完善——两者彼此相互解释		

* RIBA 是英国皇家建筑师学会(The Royal Institute of British Architects.)简称。该工作计划在 1973 年由 RIBA 制定。
来源：(英) 弗兰克·索尔兹伯里 . 建筑的策划 [M]. 冯萍译 . 北京：中国水利水电出版社 . 2005.

4.4 我国建筑策划理论中的策划对象

4.4.1 《建筑策划与设计》一书中的策划对象

《建筑策划导论》[1] 系统论述了建筑策划的概念、原理与方法等。该书第四部分“建筑策划的方法学”，对建筑策划的程序展开了详细的陈述。其中包括目标的确定、外部条件的调查、内部条件的调查、空间构想、技术构想、经济策划、报告拟定七大部分。各部分相互关联，交叉进行（图 4-1）。

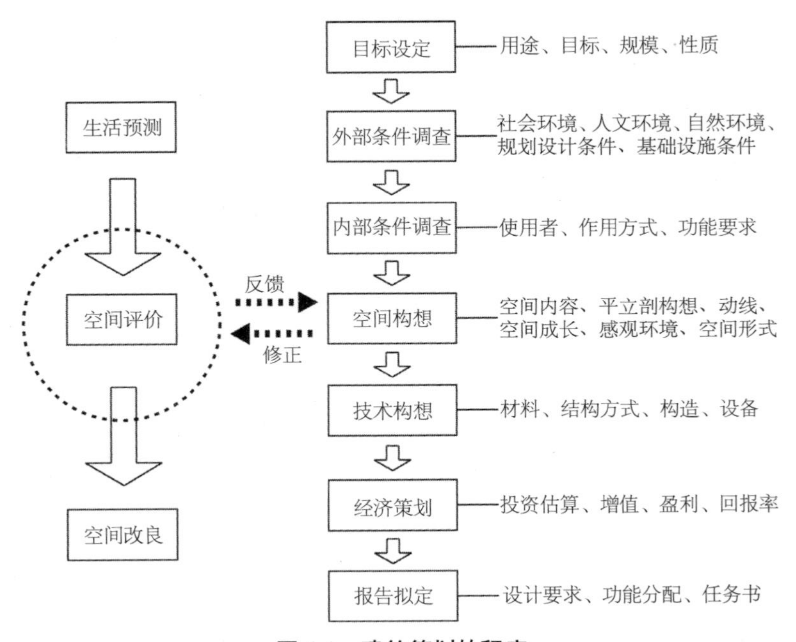

图 4-1 建筑策划的程序

来源：庄惟敏 . 建筑策划导论 [M]. 北京：中国水利水电出版社，2000.

[1] 庄惟敏 . 建筑策划导论 [M]. 北京：中国水利水电出版社，2000.

（1）目标确定：在总体规划之后，确定建设项目的用途、目的与规模等。如确定建筑是居住建筑、公共建筑，还是工业建筑，明确建筑的规模需求等。

（2）外部条件的调查：研究与收集相关的法律法规、社会人文环境、自然物质环境、城市规划条件。其中法律法规为相关建筑类型的国家级、地区级法律规范要求；社会人文环境包括经济环境、文化环境、技术水平、艺术氛围、风俗习惯等；而自然物质环境包含日照、风向、土壤特性、降水、植物、动物等；城市规划条件则为有关的规划控制条件与相关指标。

（3）内部条件的调查：对建筑内部使用功能、基础设备系统的调查。功能包括主体功能与服务功能。

（4）空间构想：明确空间功能需求，并草拟空间面积大小明细表，提出任务书。此外，还包括对建筑总体布局、朝向，以及平立剖面和风格选型进行初步构想。

（5）技术构想：包括对建筑的材料、建构方式、技术方法、设备等进行分析策划，就地取材，因"时"制宜，寻求合理经济的高效解决方案。

（6）经济策划：在前面的空间与技术构想的基础上，分析项目的投资估算，包含未预见费用，同时考虑项目的运营费用及可能的收益，并估算出项目的全寿命成本。策划师与相关主体根据经济策划来对前面的各部分进行修正与调整。

（7）报告拟定：整理前面的各项分析、研究，并将相关的资料与结论资源化、系统化与文件化。这是整个策划的成果，也是下一步设计工作的指导性文件。

从该策划程序中可知，《建筑策划导论》中的建筑策划对象的内容包括目标、外部条件、内部条件、空间构想、技术构想、经济策划几个方面。

4.4.2 《建筑计划学》一书中的策划对象

邹广天在《建筑计划学》[1]一书中，将建筑计划区分为广义建筑计划与狭义建筑计划。狭义的建筑计划则为通常所说的建筑策划，对建设项目进行前期的研究分析，最终成果以策划书的形式呈现。广义的建筑计划则包含狭义的建筑计划与建筑设计理论。建筑设计理论的涉及范围广，包括建筑设计理论、人体工程学理论、建筑技术、建筑物理、建筑策划理论、色彩理论、美学理论、建筑文化、建筑经济学理论、环境行为心理、可持续发展等等。邹广天在对国外各种理论研究的基础上，总结出狭义的建筑计划包含7方面内容：建筑设计条件、需求、价值、目标、程序、方法、评价。建筑计划对象的信息收集，包括限制性条件、需求、价值取向、目标四大方面。

（1）条件：调查建筑设计的限制性条件，其中包括规划条件、法律规范条件、自然

[1] 邹广天．建筑计划学 [M]．北京：中国建筑工业出版社，2010：66.

环境条件等。

（2）需求：确定使用者与业主的功能、经济、形式、安全等的需求。

（3）价值：了解各相关主体的价值取向，包括使用者、政府部门、业主、规划师、建筑师、周边居民等的历史与时代价值取向，协调与满足各方的需求。

（4）目标：明确功能、空间、规模、组织方法等所要达到的目标。

（5）程序：建立设计与施工的步骤、过程与程序。

（6）方法：确定设计、建造、使用的方法与技术。

（7）评价：先是对现有的同类型建筑、策划方案与设计方案进行评价分析，为策划与前期决策提供一定的参考价值。在策划与建设完成之后，又对该项目的使用情况进行评价与总结，并与前面的策划成果进行比较修正，为其他项目提供参考。

4.5 现有建筑策划理论中的策划对象的总结

4.5.1 各理论中策划对象信息系统的特点

威廉·培尼亚的问题探寻法将建筑策划的对象内容分为 4 大部分，并通过 5 个步骤来展开策划。由 4 项内容与 5 个步骤共同组成了策划对象系统信息矩阵表的框架，将策划对象的相关内容归纳到一个整体的信息系统中，具有较好的操作性与适用性。赫什伯格提出了建筑策划的 8 大价值领域。唐纳·杜尔克认为建筑策划是问题界定的过程，并提出了建筑策划问题界定的 5 个方面。

日本建筑计划理论经过了约 1 个世纪的发展，早期的相关理论中的计划对象涉及内容较广，由宏观层面到微观层面，涉及批评学、美学、形态、色彩，到构造、空间、平面、尺寸等。日本建筑计划理论中关于计划对象的内容，不断扩展变化。20 世纪中后期的建筑计划理论按各专业细分为设备计划、一般计划（建筑计划）、结构计划、意匠计划；同时提出了普适性的建筑计划方法：流线、模数、网格平面、分区、单元平面、标准层。到了 21 世纪初，其计划的内容包含了风土、文化、社会、法规、健康、可持续发展、节能、体验、心理行为、空间等，很大程度拓展了建筑计划的对象内容。

中国建筑策划理论，在一定程度上受到欧美与日本建筑策划理论的影响，建筑策划的对象与前两者有一定的关联性。如《建筑策划导论》中策划的对象包括目标、外部条件、内部条件、空间、技术、经济等。《建筑计划学》中策划的对象包括设计的条件、需求、价值、目标等内容。

4.5.2 对策划对象新的思考

1. 区分外部客观对象与内部决策对象

如问题搜寻法策划对象系统信息矩阵表中，建筑策划的外在客观对象（如形式中的周围环境、气候分析、社会与心理环境等）与内部需要被决策对象（如表 4-2“形式”中的有效的土地利用、每个单元的面积、可达性、质量控制等）混淆在一起，并没有将它们加以区分归类。

2. 区分定性分析与定量分析对象

在威廉·培尼亚问题探寻法的信息矩阵表中，未能将需要定性分析的因素（如表 4-2“形式”中的各对象）与定量分析（如功能、经济、时间中的各对象）的因素没有区分开。威廉·培尼亚问题探寻法的信息矩阵表中，决策对象与客观对象、定性分析与定量分析对象混淆一起，不利于分析研究与后期决策。

3. 子系统层级可拓展

问题搜寻法策划对象系统信息矩阵表中，所呈现出来的子系统层级有限，在功能、形式、经济、时间这一大层级之后，只能表示出下一个层级，未能根据项目不同阶段的需求进行灵活的简化与延伸。比如有些项目在开始阶段时，仅需涉及前面的两个层级的系统内容，如优先关系、行为模式、资金范围、最高预算等，但到了后期阶段时，就会涉及具体的功能需求、每个功能房间面积大小、节能指标等等。因此，建筑策划对象信息系统需要具有更多的子系统层次，以适应不同项目有不同阶段的策划需求。

4. 开放性的策划对象信息系统

问题探寻法理论由 1969 年问世至今，其核心理论仍为 4 项内容与 5 个步骤，没有加入其他新的“内容”，信息系统并没有体现出与时俱进的开放性，此为该理论的不足点。随着时代的变化，社会的需求与面临的问题也会日新月异，任何理论不可能一成不变，其核心内容也应该随着时代而更新，呈现出开放性的特征，并由此获得生命力。

现有建筑策划理论中，策划对象的系统与内容有其特点与优点；同时，相对于建筑策划群决策而言，亦有其不足点。现有建筑策划对象信息系统与内容的研究，对建筑策划群决策决策对象系统与内容的研究，具有充分的启发意义（表 4-7）。

4.6 建筑策划群决策理论中的策划对象

4.6.1 建筑策划群决策策划对象的界定

建筑策划群决策包含策划主体、策划对象，以及它们之间的相互关系。建筑策划群决策中，策划主体承担信息处理的能力与责任；而策划对象满足有效与足够的信息需求。策划主体与策划对象之间，存在着信息处理与反馈关系。

1. 策划对象

对象，指作为某种行为或思想目标的事、物或人。策划对象指在建筑策划时，与建筑设计相关的、需要决策的各方面因素，如有关功能的、形式的、经济的、时间的、生态的、文化的等，在建筑策划时是需要作出决策的对象（图 4-2）。

威廉·培尼亚信息矩阵表中策划对象的不同属性 **表4-7**

	目标	事实	概念	需要	问题
功能 人行为活动空间关系	任务 最大数量 个体特征 互动/私密 价值等级 主要活动 安全 分隔 邂逅 交通/停车 效率 优先关系	统计数据 面积参数 人员数量预测 用户特点 社区特点 组织结构 潜在损失的价值 运动时序研究 交通分析 行为模式 空间满足 类型/密度 物理限制条件	服务分类 人员组团 活动组团 优先 等级 安全控制 连续的流线 不连续流线 混合的流线 功能关系 交流	面积要求 由机构决定 由空间类型决定 由时间决定 由位置决定 停车需求 户外空间需求 功能的转化	能够形成建筑设计的唯一的和重要的性能要求
形式 场地物理和心理环境 空间和建造质量	场地因素研究 环境的回应 有效的土地利用 社区关系 社区进步 物理的舒适 生命安全 社会和心理环境 个体 解决方案 项目意向 客户期望	场地分析 土壤分析 FAR&GAC 气候分析 规范 周围环境 心理暗示 参考点/起点 费用 建筑平面布局效率 设备费用 单元面积	增加 特殊地基 密度 环境控制 安全 邻里 家基地/办公 理念 定位 可达性 特性 质量控制	场地开发成本 环境影响成本 建筑物成本 建筑总体效率	将影响建筑设计的主要形式因素
经济 最初预算运行成本生命周期成本	资金的范围 投资效率 最大回报 投资回报 运行费用最小化 维修和运行支出 减少全寿命成本 可持续发展	成本参数 最高预算 用时要素 市场分析 能源消耗 活动和气候要素 经济数据 LEED 等级系统	成本控制 有效分配 多功能性 商品销售 能源节约 降低成本 循环再生	预算估计分析 预算平衡 现金流分析 能源预算 运行费用 绿色建筑等级 生命周期成本	对于最初的预算以及它对建筑物构造和表面形状的影响的态度
时间 时间历史现实未来	历史性保存 静态和动态活动 变化 生长 已知数据 可用资金	重要性 空间参数 活动 预测 持续时间 增加的因素	适应性 宽容度 可变性 扩展性 线性/并发的计划 分阶段	增加 时间进度表 时间/成本进度表	在长期的性能方面，变化和生长的含义

图例：决策对象　影响对象　定性 + 定量分析对象　定性分析对象

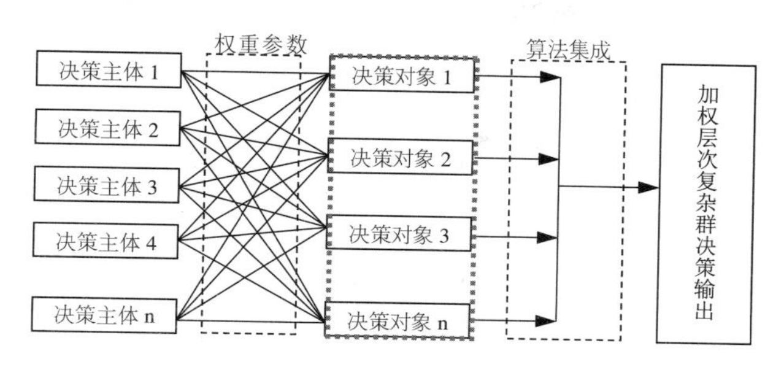

图 4-2 策划主体与策划对象交互网络关系

来源：涂慧君．大型复杂项目的建筑策划"群决策"理论与方法研究初探 [C]//2012 年中国建筑学会年会论文集，2012.

2. 客观对象

与策划对象相对应的是客观存在的客观对象。在建筑策划中，客观对象是指客观存在并对建筑设计产生影响的客观存在但不需要决策的对象，如气候条件、地质条件、相关强制性法律法规等因素。

本书主要是针对建筑策划群决策中的策划对象及策划对象模型展开研究。建筑策划的对象包括需要策划的对象，同时还包括影响策划的外部客观对象（因素）。因此，外部客观对象（因素）亦在本书涉及范围，以构建一个完整的大型复杂项目建筑策划的对象系统。

4.6.2 建筑策划群决策策划对象的属性

建筑策划群决策策划对象的属性，由其本身的特征与实践分析的需求所决定。在建筑策划群决策过程中，策划对象是需要决策主体作出决策的对象，"决策性"是其首要特征。与需要作出决策的对象相对应的是客观存在的客观对象（客观存在影响因素）。策划对象自身的重要特征决定了其具有"决策性"与"影响性"两大属性。

另外，在建筑策划群决策过程中，一些对象信息只需要作出定性的分析与决策，如形式因素中的"项目意象"、"可达性"，时间因素中的"历史性保存"、"可变性"，均属于只需要定性分析的对象。而一些对象信息则在定性分析之后还需要进一步定量分析，如表 4-2 经济因素中的"资金范围"、"最大回报"、"生命周期成本"，时间因素中的"分阶段"、"时间进度表"等。对象信息的定性分析与定量分析，是建筑策划群决策中的一项重要工作。因此，"定性"与"定量"构成了建筑策划群决策策划对象的另外两大重要属性。以定性与定量这对属性对建筑策划的对象加以梳理，能构建出更具操作性的策划对象信息系统。

1. 决策与影响的属性

大型复杂项目建筑策划对象包含需要决策的对象与不需要决策的客观对象两大部分（图 4-3）。

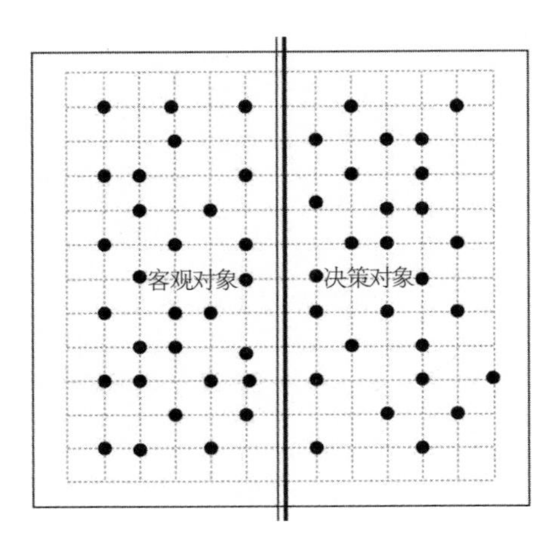

图 4-3　将大型复杂项目建筑策划对象中的客观对象与决策对象区分开

建筑策划对象中的需要决策的对象是指，在建筑策划当中，需要相关利益主体作出决策的对象，它们受到主观需求、各方利益与主观判断的影响。如各主体对使用功能空间的需求、对各空间面积大小的需求、对停车位的需求等，还有对建筑风格意象的偏好，对建设成本的预算、运营成本的控制、利润回报，对工程分期、时间进度的预计，对节能指标、可再生能源的利用等，这些都是在策划阶段，决策主体作出初步决策的对象内容。

建筑策划对象中的客观对象是指，客观存在的、不受人的主观意识决定的且对建筑项目有着重要影响的对象。建筑存在于一定的自然与社会环境中，并在它们的约束与影响下诞生。如建筑的形态会受到地域的气候特征的影响，布局会受到地形特征的制约；又如建筑的功能定位考虑与周边功能的互补协调，交通流线与周边道路的衔接，消费档次与社会消费能力的匹配。除了与自然条件、社会条件相关外，还受到城市规划条件与法律规范的制约，如城市规划对建筑密度、容积率、高度控制、绿地率、基本配套指标的约束，法律规范对日照间距、内外部消防安全、出入口的要求等的硬性要求。这些都是建筑设计的影响因素，也即建筑策划对象中的客观对象。

建筑策划的策划对象信息系统，包含需要决策的对象与客观影响的对象两大重要部分，如“个体特征”、“团体特征”是客观存在的客观对象，它们是客观存在的，并不需要进行决策，而“面积要求”、“停车要求”是需要作出决策的对象，两者的属性不一样。将建筑策划对象中的客观对象与需要决策的对象区分开，理清它们之间的关系，更有利于建筑策划的进行。

2. 定性与定量的属性

在建筑策划对象的决策对象与客观对象中，有些对象是需要定性分析的对象，有些是需要先定性分析后定量分析的对象（图 4-4）。

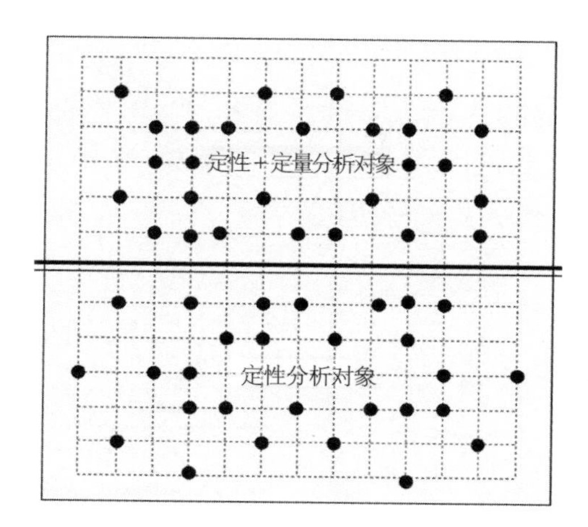

图 4-4　将建筑策划对象中的只需定性分析、同时需要定性与定量分析两大因素区分开

定性分析研究是对事物的质的研究，是发现与定义问题的过程，并继而作出文字性的表达，其主要任务是研究事物的组成。建筑策划对象的定性研究内容，是研究与确定有哪些需要定性分析的外部客观对象，有哪些需要决策的对象（如有哪些功能使用要求，建设与使用的时间因素需求，对节能因素的需求等）。在建筑策划开始时，先确定有哪些需求内容条项，也即先定性分析研究。定性研究的方法有：实地调研、各方会议、访谈、案例研究等方法，收集相关主体的需求、目标与其他客观对象的信息。

在确定策划对象的组成内容之后，其中有些对象还需要进一步的定量分析研究。定量研究是对事物的量化分析研究，其本质是通过数量来对事物进行描述与阐释。在建筑策划的决策对象与客观对象中，一些对象内容如面积大小、地上地下停车位多少、可用资金范围、投入使用时间、减排节能指标，以及外部土壤承受力环境、法律规范条款等因素，在定性分析研究的基础上，还需要下一步的定量分析研究。策划对象的定量研究方法有问卷调查法、实验法、勘测法、统计法、SD 语义分析法等。

在建筑策划对象因素中，包含有只需要定性分析的因素以及同时需要定性与定量分析的因素，将它们归纳分类，有助于构建更为清晰的策划对象信息系统，便于研究分析与决策。与此同时，定性研究与定量研究并非相互对立的，定性研究呈现出陈述性、解释性与归纳性，而定量研究呈现出数据性、精确性与客观性，它们在某一程度上是相互联系相互补充的。大型复杂项目建筑策划对象的定性研究是定量研究的前提，而定量研究是定性研究的进一步补充。两者有机结合，能更好地对事物展开分析研究。

3. 由四大属性组成的信息系统框架

建筑策划对象包含有客观影响对象、需要决策对象两大部分；在这两大部分对象中，又各自包含有只需要定性研究的对象以及同时需要定性与定量研究的对象两大类，它们共同构成建筑策划对象的两对属性，也即四大属性，将这两对属性叠加构建于一个整体系统中，形成了与各对象属性一一对应的四个象限，它们分别是定性与定量分析的决策对象、定性分析的决策对象、定性与定量分析的客观影响对象、定性分析的客观影响对象（图 4-5）。此四大象限所包含的属性，能将建筑策划对象的所有对象归类其中，使得研究与实践应用更为明晰，具有方便可操作性。

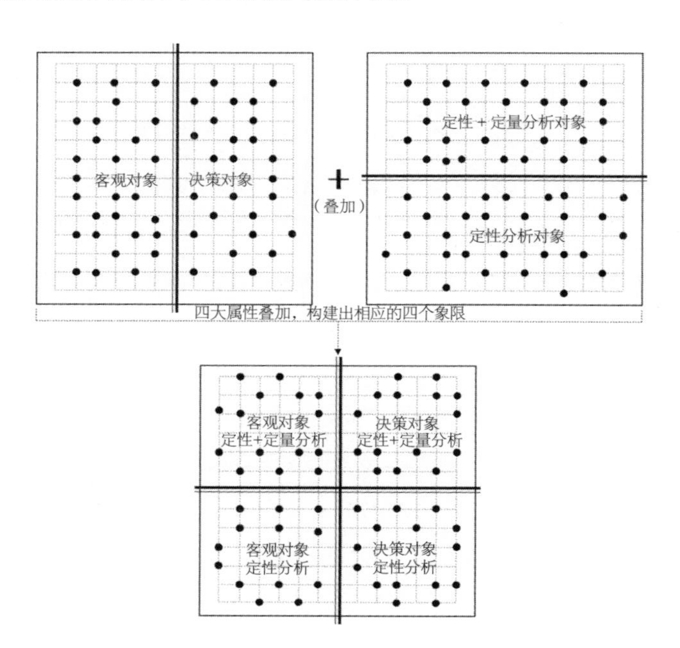

图 4-5　将建筑策划对象的两对属性叠加，形成一一对应的四大象限

综上，建筑策划对象信息系统的构建，基于影响因素与决策因素、定性分析与定量分析两对属性，并将各子系统与具体要素纳入到该系统中，最终构建出建筑策划对象信息系统。

4.6.3　建筑策划群决策策划对象的内容

根据前面的研究，建筑策划群决策决策的对象，具有“决策性”与“影响性”两大属性。相对应地，建筑策划群决策决策对象信息系统的内容，包括需要决策的“内部要素”对象，以及客观存在影响与约束的“外部环境”对象两大部分。

建筑策划对象中需要决策的对象是指，在建筑策划当中，需要相关利益主体作出决策的对象，它们受到主观需求、各方利益与主观判断的影响。在建筑理论中，建筑的构成要素主要包括三个方面：功能要素、技术要素、形象要素。此外，在建筑策划领域，要素还包括经济要素、时间要素、生态节能要素等。它们共同构成了建筑策划群决策决策对象内容的主要节点。因而建筑策划群决策决策对象的内容包括：功能要素（物质需求：室内功能需求、室外功能需求、各项规模、面积大小及参数；空间形态、流线组织与疏散等）；形象要素（建筑意象、识别性、色彩与质感等）；经济要素（成本：前期建设成本、运行成本、全寿命成本；收益等）；时间要素（过去、现在、未来）；生态要素（建筑的选址、环境保护、水的使用效率、能源利用效率、资源利用效率、室内空气质量）等，这些都是策划阶段，策划主体作出决策的对象内容。

建筑策划对象中的客观影响对象是指，客观存在的、不受人的主观意识决定的、且对建筑项目有着重要影响的对象。客观的"外部环境"的客观对象则包括自然环境、人文环境（文化）、人为环境（限制条件）三大部分。由此三大节点对象逐级发展出客观对象的内容。客观对象的内容包括：自然环境（气候条件：气温高低、雨量多少；地质条件等）、人为环境·限制条件（规划条件：限制性条件：开发强度、地块位置、用地性质、交通出入口、其他设施，指导性条件：建筑形式与风格、历史文化保护、环境保护要求等；法律规范）、人文环境·文化（认知环境、观念、信仰系统、态度）等对象。如建筑的形态会受到地域的气候特征的影响，布局会受到地形特征的制约；建筑的交通流线需要与周边道路的衔接。除了与自然条件、社会条件相关外，还受到城市规划条件与法律规范的制约，如城市规划对建筑密度、容积率、高度控制、绿地率的约束；法律规范对日照间距、内外部消防安全、出入口的要求等的硬性要求。这些都是建筑设计的影响因素，也即建筑策划对象中的客观对象。将建筑策划对象中的客观影响对象与需要决策的对象区分开，理清它们之间的关系，更有利于建筑策划的进行。

另外，建筑策划群决策的决策对象还具有定性分析与定量分析的属性。在建筑策划对象的决策对象与客观对象中，有些对象是需要定性分析的对象，有些是需要先定性分析后定量分析的对象。建筑策划对象的定性研究内容，是研究与确定有哪些需要定性分析的外部客观对象与需要决策的对象。在建筑策划开始时，先确定有哪些需求内容条项，也即先定性分析研究。

在确定策划对象的组成内容之后，有些对象还需要进一步地定量分析研究。在建筑策划的决策对象与客观对象中，一些对象内容如使用面积大小、停车位多少、可用资金范围、投入使用时间、减排节能指标，以及外部环境中的气温高低、雨量多少，地质条件等因素，在定性分析研究的基础上，还需要下一步的定量分析研究。

在建筑策划对象因素中，包含有只需要定性分析的因素以及同时需要定性与定量分析的因素，用这两大属性针对建筑策划的对象加以梳理，能构建出更具操作性的策划对象信息系统。

建筑策划的对象，归纳到建筑策划群决策决策对象的四大属性框架中，构成了决策对象信息系统的四大组成部分。它们是：定性与定量研究分析的决策对象、定性研究分析的决策对象、定性与定量研究分析的客观影响对象、定性研究分析的客观影响对象。

1. 定性 + 定量分析的决策对象——内部要素

1）功能要素

物质需求：

（1）功能组成：室内功能需求、室外功能需求、各项规模、面积大小及参数。

（2）空间形态：空间的量度。

2）形象要素

建筑尺度。

3）经济要素

（1）成本

前期建设成本：前期策划成本、勘察设计成本、安装工程投资成本、设备成本、其他成本。

运行成本：维护费、水费、电费、税费、人工费、差旅费、其他费用。

全寿命成本：建设成本、运行成本、维修成本、拆除成本。

（2）收益

4）时间要素

（1）过去。

（2）现在：建设周期、投入使用日期。

（3）未来：使用持续时间、使用结束年限。

5）生态要素

（1）水的使用效率。

（2）能源利用效率。

（3）资源利用效率。

2. 定性分析的决策对象

1）功能要素

（1）物质需求：空间形态（空间的形态、空间的质量）、流线组织（流线组织与疏散）。

（2）精神需求：认同感、归属感、共鸣。

2）形象要素

（1）建筑朝向。

（2）建筑意象。

（3）地域性特征。

（4）识别性。

（5）色彩与质感。

3）时间要素

（1）过去：历史与保护。

（2）现在：静态活动、动态活动。

（3）未来：成长与可变性。

4）生态要素

（1）建筑的选址。

（2）环境保护。

（3）建筑材料。

（4）室内空气质量。

3. 定性 + 定量分析的客观对象

1）自然环境

（1）气候条件：气温高低、雨量多少。

（2）地质条件：地下水。

2）人为环境·限制条件

（1）规划条件：

限制性条件：开发强度、建筑密度、高度控制、容积率、绿地率、停车场泊位。

指导性条件：人口数量。

（2）法律规范：

专用基础标准：查阅具体规范要求（定量）。

专业通用标准：查阅具体规范要求（定量）。

专业专用标准：查阅具体规范要求（定量）。

4. 定性分析的客观对象

1）自然环境

（1）气候条件：风环境与风向。

（2）地质条件：地层的岩性、地质构造、水文地质条件、地表地质、地形地貌。

2）人为环境·限制条件

（1）规划条件：

限制性条件：地块位置、用地性质、交通出入口、其他设施。

指导性条件：建筑形式与风格、历史文化保护、环境保护要求。

（2）法律规范：

专用基础标准：查阅具体规范要求（定量）。

专业通用标准：查阅具体规范要求（定量）。

专业专用标准：查阅具体规范要求（定量）。

3）人文环境·文化

（1）认知环境。

（2）观念。

（3）信仰系统。

（4）态度。

将建筑策划群决策策划对象的内容，归纳到决策对象的信息系统框架中，如图 4-6 所示。

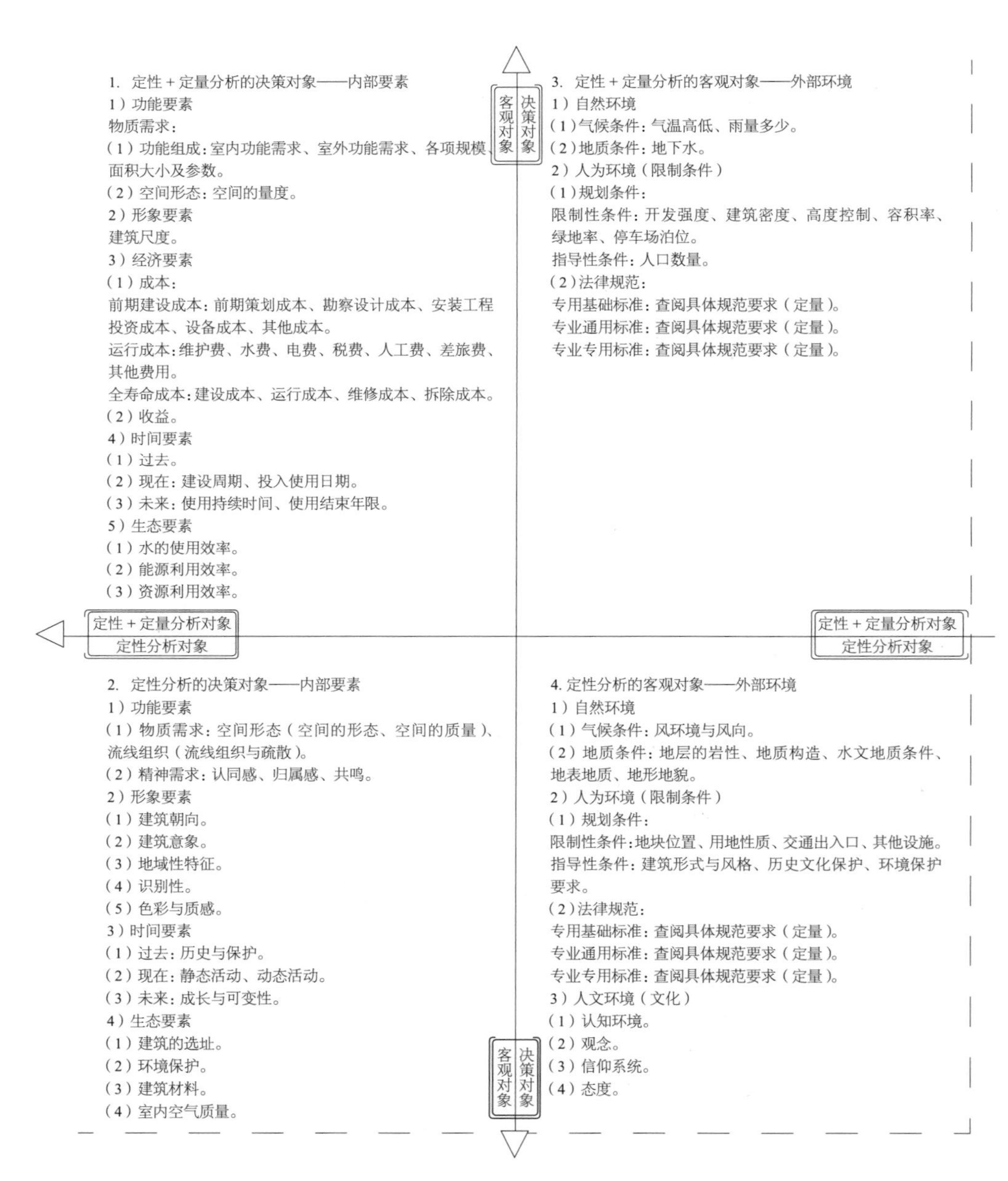

图 4-6　建筑策划群决策决策对象的内容

4.6.4　运用树形结构对策划对象的内容进行梳理

在图 4–6 中，决策对象的内容归纳到了四大属性框架中，但是各子对象系统并未形成清晰的关系。

建筑策划群决策决策对象之间的关系并非杂乱无章，无序可循的。相反，建筑策划群决策决策对象内容，虽然信息量大，但其内部具有并列与从属的关系、多层级发展的关系，简繁伸缩灵活等特点。因此，建筑策划对象信息系统的构建，还需要有相应特点的科学结构系统理论与方法来支撑。

树形结构是一个科学的理论结构，其结构模式特点是多层级，可生长与缩放的，可承载信息量大，且能同时存在并列与从属关系的结构系统。树形结构中的各因素之间为一对多的结构关系。自树根原点以后，每个节点有且只有一个前驱节点；每个节点的后续节点可以有多个，也可以只有一个，视具体情况而定。树形结构整体上表现出从属与并列关系。

建筑策划对象信息系统的这些特点，与树形结构系统的特点不谋而合。因此，运用树形结构来构建建筑策划对象的并列与层次递进关系，是一种科学、直观且合乎逻辑的方法。

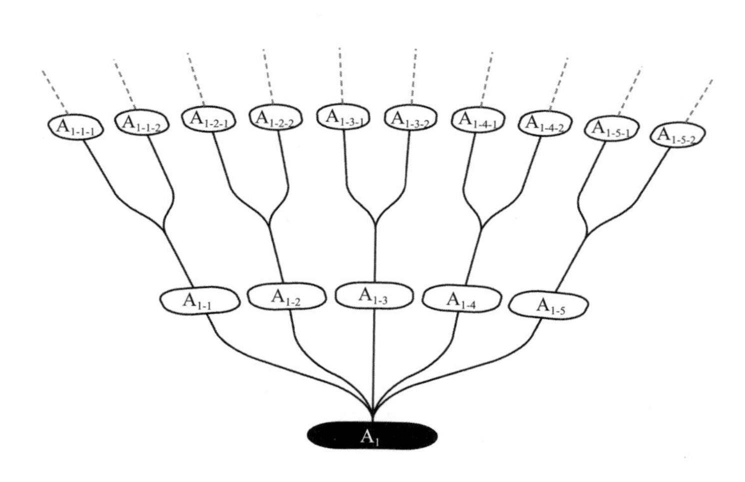

图 4-7　策划对象信息树形结构框架

建筑策划对象信息系统的树形结构（图 4–7），在使用上有以下功能与特点：

（1）策划对象信息系统的各级分层、灵活收缩或延伸的特点，在策划实践应用时，可根据需要层层递进，逐一展开。

（2）策划对象信息系统中各分支的条理清晰。建筑策划对象有成百上千个节点，甚至更多；利用树形结构的方法，能高效地将建筑策划对象的庞大信息整理、归纳到树形结构系统中，便于实际运用与后期信息查询。

策划对象信息通过树形结构系统的应用，有效解决了策划对象信息量庞大冗杂、不易整理等问题，该系统具有可操作性与实用价值。

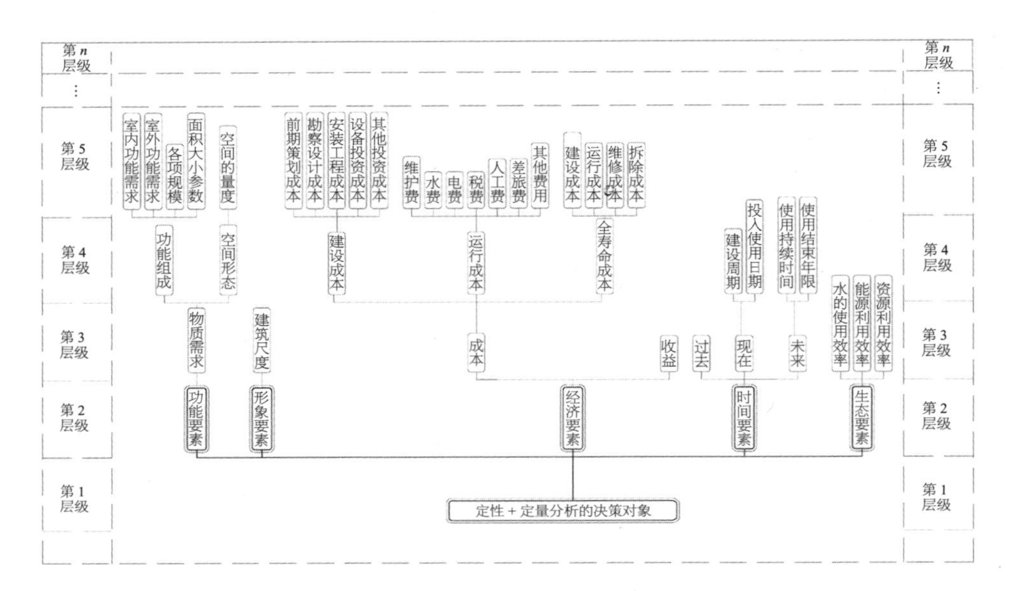

图 4-8　定性＋定量分析的决策对象子系统

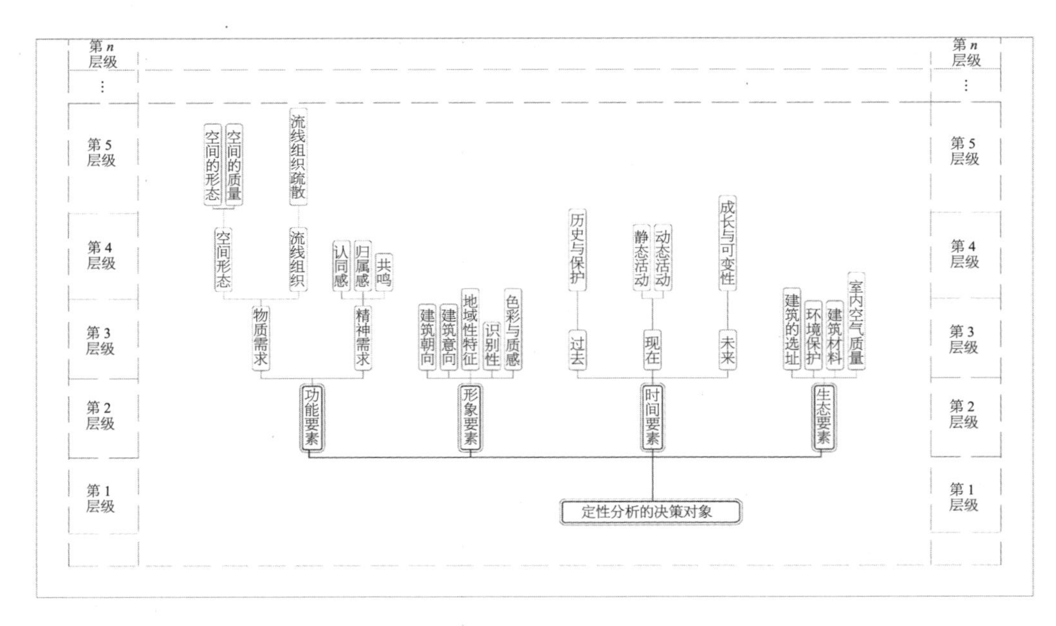

图 4-9　定性分析的决策对象子系统

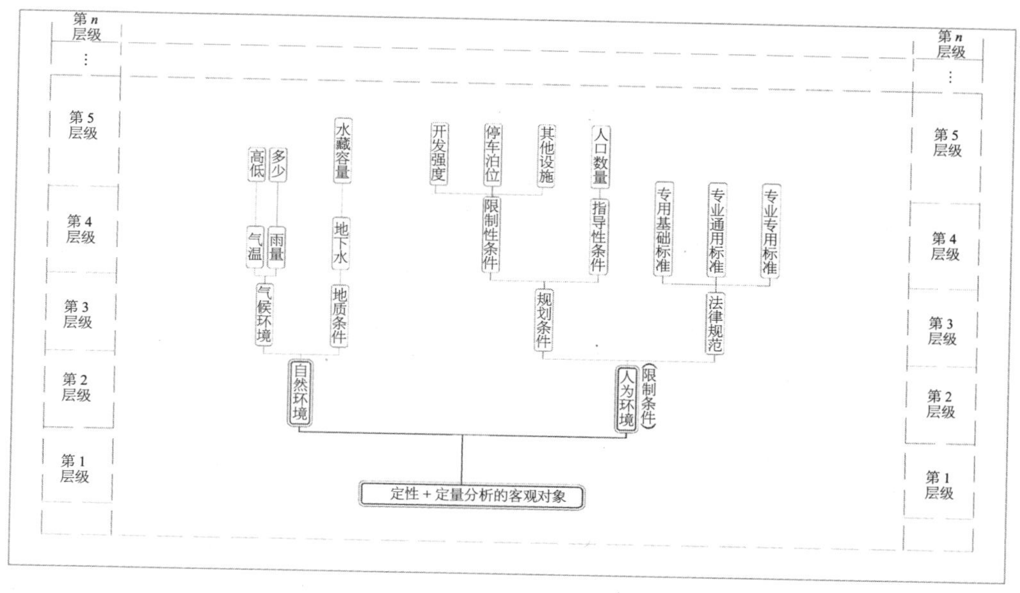

图 4-10　定性＋定量分析的客观对象子系统

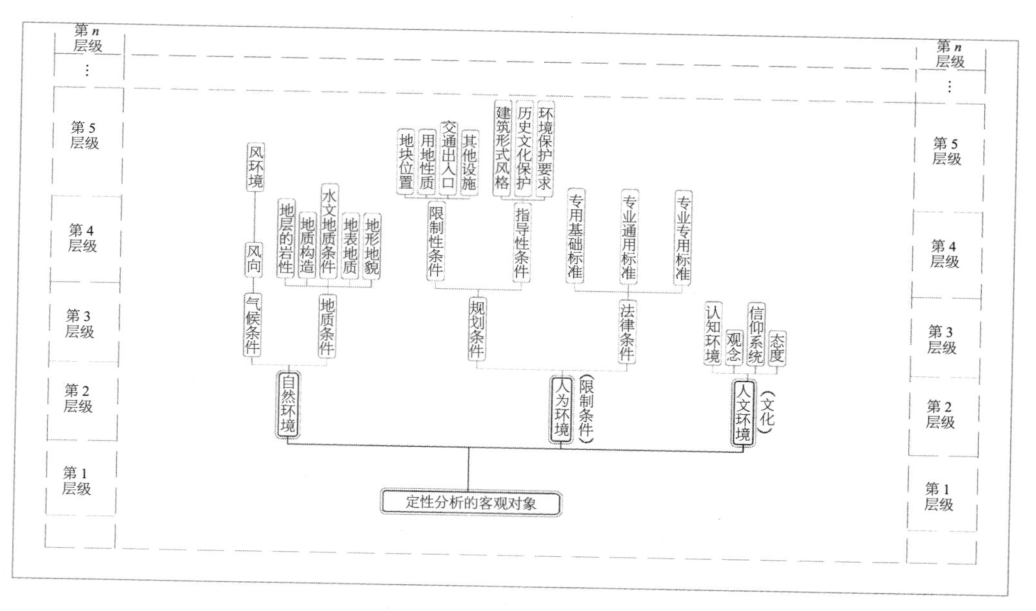

图 4-11　定性分析的客观对象子系统

4.6.5　建筑策划群决策策划对象的系统

四个象限包含四个子系统，根据各象限中的属性分类，四大子系统分别是：决策对象中的定性与定量研究对象（图 4-8）、决策对象中的定性研究对象（图 4-9）、客观对象中的定性与定量研究对象（图 4-10）、客观对象中的定性研究对象（图 4-11）。该信息系统将大型复杂项目建筑策划对象，按四大属性归纳整理于其中（图 4-12、图 4-13），由此形成的建筑策划群决策策划对象信息系统具有以下特点：

1. 将客观影响因素与决策对象区分开

通过建筑策划系统框架的纵坐标轴，将策划对象中的客观影响因素与需要决策因素区分开。理清它们之间的关系，以便在策划时，清晰地了解哪些是客观对象，哪些是需要决策主体作出决策的对象，由此有效提高策划的前期研究与决策时的效率。

2. 定性与定量区分开，并且形成一个整体系统

明确建筑策划对象中需要定性分析与需要定量分析的因素，有助于策划时对策划对象具体属性的认识，以及研究方法的确定和数据的收集。定性分析与定量分析两大属性与前面两大属性，共同构成了建筑策划对象信息系统的四大基本属性，并形成了信息系统的两对坐标轴。

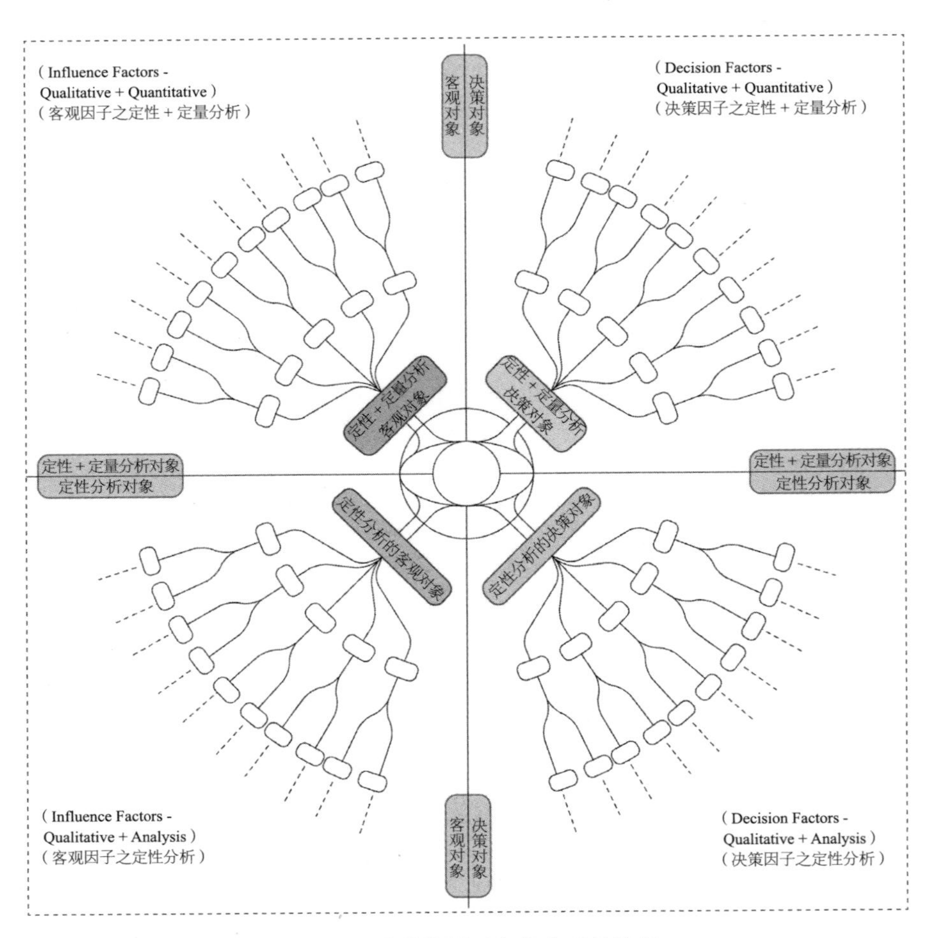

图 4-12　建筑策划对象信息系统构架

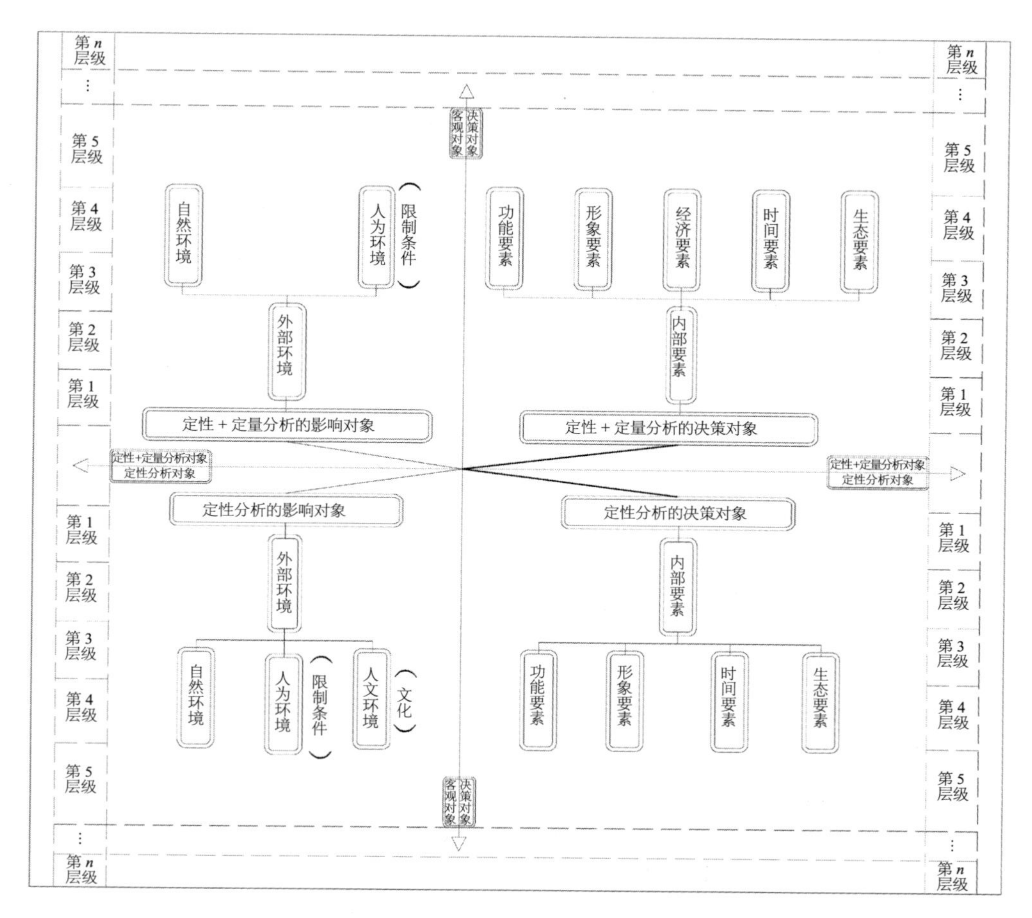

图 4-13　建筑策划对象信息系统构

3. 采用树形结构，梳理策划对象中的各层子系统与对象

决策信息系统四大象限中的各对象呈并列或从属的树形结构关系，以树形结构梳理建筑策划的各对象，策划时可按不同的层级循序渐进；并且，在不同的策划阶段可灵活运用，相对于单纯的信息矩阵表具有更好的适用性。

4. 可往外“生成”各层次级

在建筑策划对象树形结构信息系统中，各对象同时呈现出并列关系与从属关系，其中的从属关系体现出不同层次级的属性。如树枝般“生长”的、可无限发展的对象系统层级，有效地解决了其他建筑策划理论中有限策划对象内容层级的问题。建筑策划对象树形结构灵活可伸缩的层级系统，可根据实际需要，能更好地适用于建筑策划的各阶段。

5. 与时俱进的开放信息系统——可根据时代的需要增加或去掉某些对象内容

在建筑策划系统具有稳定性的同时，呈现出开放性。建筑策划对象信息系统开放性的特征体现在可增减性、可伸缩性等方面。建筑策划对象信息系统复杂庞大，且像万物一样，处于不断的变化与发展之中。因此每个时代的策划对象信息系统，在某一时间段内达到相对稳定，随之又会再次根据时代发展的需要而不断调整、生长与变化，如同一棵树可长出新的树枝，或“砍掉”其中一些不需要的树枝。建筑策划对象信息系统不断从外部环境中获取新的信息，从而避免系统孤立僵化。

决策信息系统随需求的变化，加入新的子对象系统，体现时代发展的要求（图 4-14）。

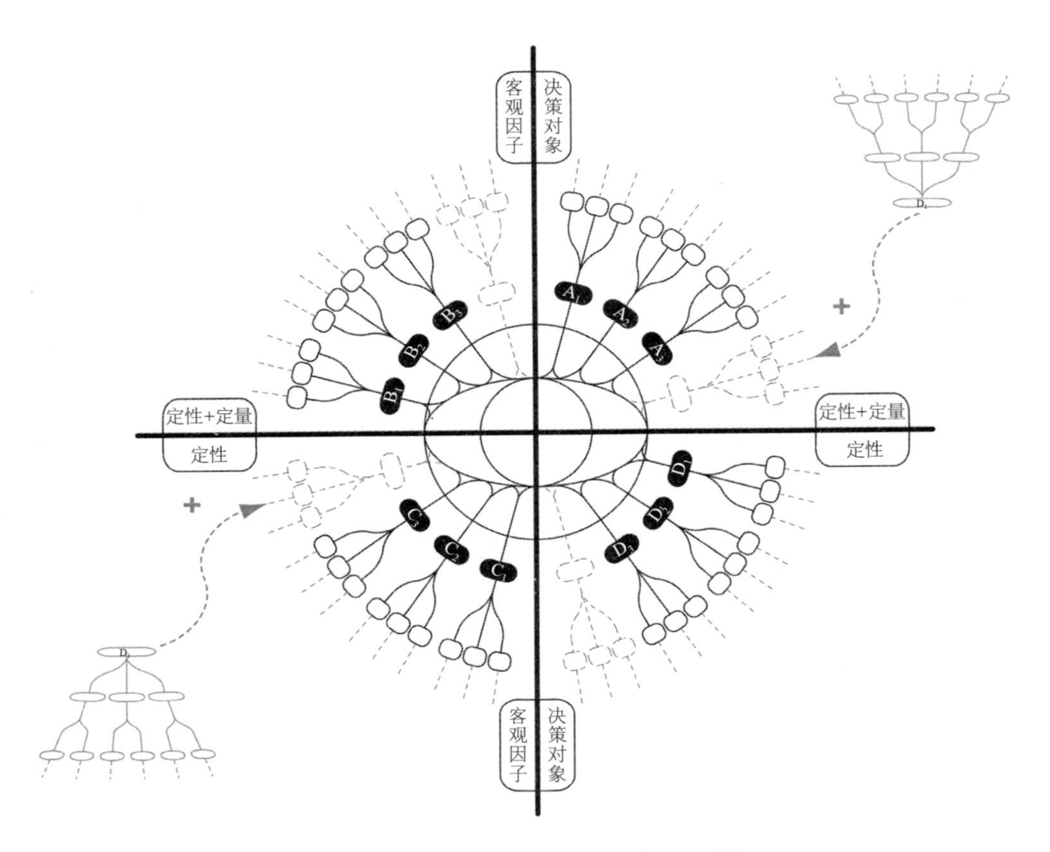

图 4-14　建筑策划对象信息系统的开放性

6. 决策对象信息系统中的对象具有不同的“决策强度”

建筑策划群决策决策对象信息系统中的各对象，根据不同的项目性质、不同的地域风俗文化、不同的自然环境条件等，需要考虑的对象信息内容有所差别。因此，决策对象信息系统具有“决策强度”的特点，即不同对象的决策结果对项目后续设计的控制力度不同。一部分对象的决策结果是必须要遵照执行的（强制性），一部分对象的决策结果不要求强制执行，仅提供可选择的建议（建议性）。建筑的建造是为满足人的使用功能需求，同时工程建设应节约社会资源，提高效益，因此与功能、经济、时间相关的对象为必须考虑的策划对象，一般来说是强制性的对象。同时，与建筑密切相关的自然环境、人为环境（限制条件），亦为强制性考虑的策划对象。而与人文相关的对象，在一些荒芜的新开发的地区是选择性策划对象，在其他地区则是必须考虑的策划对象。建筑的形象在一些实用功能为主导的建筑中为建议性考虑的策划对象。与强制性策划对象相比，建议性的对象具有一定的灵活性，从而可满足不同项目的需求，提高适用性。

4.6.6 建筑策划群决策策划对象系统的应用方法

建筑策划群决策决策对象信息系统的作用是，在建筑策划阶段，应用于策划对象信息的收集与归类整理。

决策对象信息系统，是进行建筑策划信息收集的主要依据。决策对象信息系统应用于信息收集时，首先将信息的收集分为四大部分：需要决策的定性分析对象、需要决策的定性与定量分析对象、客观影响的定性分析对象、客观影响的定性与定量分析对象。它们分别对应决策对象系统的四个象限（图 4-15）。

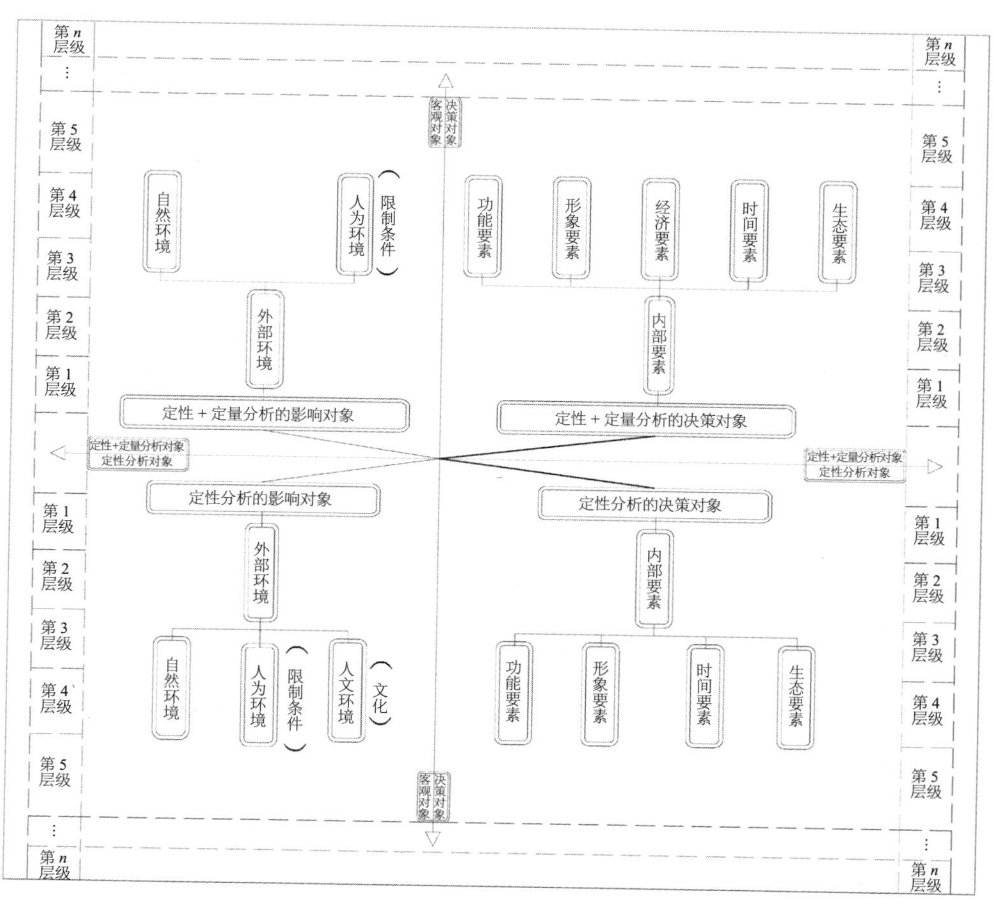

图 4-15　将策划对象的信息分为四大部分进行收集

然后各子对象系统遵循树形结构关系发展，循序渐进，发展出各层级的数据信息。同时，决策对象系统在应用时，可根据项目的信息需求生长，由“枝干”发展到“分枝”、“细叶”。根据决策对象系统收集完信息后，按照四大属性进行归类整理，纳入决策对象信息系统中，接着由决策主体参与决策，最终得出策划的结论。

第5章 建筑策划方法

5.1 美国建筑策划理论中的策划方法

5.1.1 威廉·培尼亚的策划方法

威廉·培尼亚是建筑策划之父，他首次提出了建筑策划的概念，在他的《建筑项目策划指导手册——问题排查》一书中，项目策划包含5个步骤：①确立目标；②收集和分析事实；③提出和检验概念；④决定需求；⑤说明问题。[1] 这就是威廉·培尼亚著名的五步法，如图5-1所示，五步法也并不是死板僵硬的，除了第五步，其他步骤的顺序可以调换。培尼亚认为，建筑设计是解决问题，而项目策划则是探查问题，建筑策划的产品就是问题说明书，用以指导建筑设计。

1	2	3	4	5
1	4	3	2	5
2	3	4	1	5
4	1	2	3	5

图 5-1 威廉·培尼亚的五步法

来源：威廉·培尼亚．建筑项目策划指导手册——问题探查 [M]. 北京：中国建筑工业出版社，2009.

威廉·培尼亚的策划四要素五步法，是基于问题探寻理论为基础的工作方法，这个方方式是由策划团队“寄居”在业主办公处或者项目所在地集中工作一周左右，以一系列的工作会议的方式展开研究和策划过程，以矩阵卡片的方式将有关策划信息贴于墙上，随时讨论和更换。威廉·培尼亚虽然将使用者也纳入团队，但使用者的参与方式仅仅是谈话和讨论，策划的全过程是由建筑师团队主导整个程序，使用者参与讨论，业主（开发商）作出最后决策。

这种传统的建筑策划方法简单而且全面，它主要是通过卡片收集、信息索引，以及建筑师与业主的紧密合作来获取相关的、有用的信息。在这里，团队行动与团队合作显得尤其重要，在对一个建筑进行项目策划的过程中，需要多次召集建筑师（建筑师代表）和业主（业主代表）召开团体会议并反复讨论与调整（图5-2），从而确定项目客观情况、信息以及所需解决的问题。

[1] 威廉·培尼亚．建筑项目策划指导手册——问题探查 [M]. 北京：中国建筑工业出版社，2009.

5.1.2 罗伯特·库姆林的策划方法

库姆林认为大多数策划的信息来源是以小组的形式从那些拥有该设施，操纵或者使用它们的人那里获得。这种互动的访谈及相关的活动称之为策划研讨会（Program Workshop）。[1] 库姆林师从培尼亚，以培尼亚的策划方法为基础，重视信息收集和分析技术，重视策划过程中的沟通交流，以达成最终的策划成果。

图 5-2 HOK 事务所建筑策划工作会议 -Squatters
来源：潘松先生提供

库姆林通过几个步骤收集信息，得出策划文件，这些步骤是：①最初的战略会议；②全体决策者会议；③数据收集；④问卷调查；⑤策划研讨会；⑥策划初稿；⑦客户对策划初稿的评估；⑧策划文件终稿的准备；⑨总体构思策划战略；⑩策划投资评估。

5.1.3 伊迪丝·谢里的策划方法

伊迪丝·谢里是培尼亚的学生之一，谢里方法的特别在于他强调注重与人的关系。谢里师从培尼亚，他认同培尼亚的策划方法，认为没有其他的模式将策划与设计的关系解释得更为明确，所以在他的研究中，将培尼亚的“五步法”进行了进一步的分析和说明。

他的策划工作分为以下几步：①研究项目的背景；②识别任务和目标；③收集和分析信息；④确定策划战略；⑤建立量化需求；⑥综合设计问题；⑦策划报告文本。

5.1.4 唐纳·杜尔克的策划方法

在对现状的分析中，杜尔克有关组织化的体制将设计问题分为事实、价值观、目标、性能需求和概念五个方面，并认为应该建立一个架构来组织设计资料。

杜尔克的策划方法可以分为几个步骤：设计任务、性能需求、概念的发展、信息管理（理清思路，厘清事实及假设，寻找不足之处，制定模式用以整理设计资料，寻找资料，分析资料，确立最后阶段的目标、效能需求和概念，评估，摘要说明及得出结论，成果的提出）、策划报告、策划技术、评估（图 5-3）。

杜尔克提出一个策划发展的模式，这就是著名的杜尔克树状策划发展结构（图 5-4），首先明确策划的任务，对任务设定具体并优化的特定目标，由目标再进一步发展出需求和概念，这一树状策划发展结构也可以用于信息资料的组织和分析。[2]

---

[1] 韩静．对当代建筑策划方法论的研析和思考 [D]. 北京：清华大学，2005：78.

[2] 韩静．对当代建筑策划方法论的研析和思考 [D]. 北京：清华大学．2005.

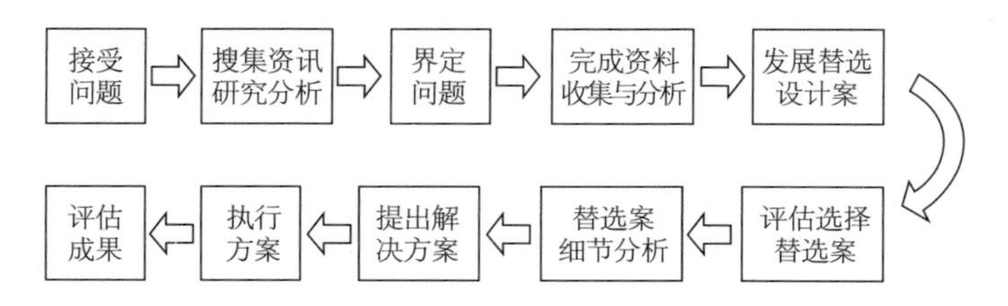

图 5-3 杜尔克策划的基本步骤

来源：（美）Donna P. Duerk. 建筑计划导论 [M]. 宋立垚译 . 台北：六合出版社，1997.

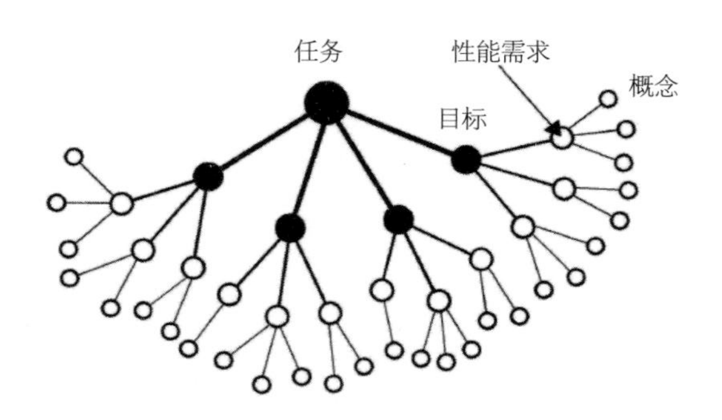

图 5-4 树状策划发展结构

来源：（美）Donna P. Duerk. 建筑计划导论 [M]. 宋立垚译 . 台北：六合出版社，1997.

5.1.5 赫什伯格的策划方法

赫什伯格认为，策划是进行设计定义的阶段，策划过程中最重要的信息是价值评估和策划目标，建筑策划的首要责任就是将建筑师在设计中所应表达的价值论述清楚，然后将价值转化为设计因素，他提出了 8 个价值领域：人文、环境、文化、技术、时间、经济、美学和安全。策划师需要在最后的策划报告书中明确地体现出相关利益群体的价值取向。

在赫什伯格的《建筑策划与前期管理》（Architectural Programming and predesign manager）一书中，他认为策划应该伴随着三个设计阶段进行：

（1）示意性设计——为示意性设计所进行的策划工作必须提供设计师所需的信息，以确定建筑物的基本形式和空间的组织方式以及美学特色；

（2）设计深化——该阶段的策划工作通常都要包含所有与公认标准不同的或超出公认标准的需求信息；

（3）建造文件——策划工作包括获得完成建造文件所需的特定的建筑材料、设备、家具和系统方面的信息。赫什伯格认为，建筑策划就是一个收集信息的过程，在建筑设计的各个阶段为其收集不同的信息。

在具体策划研究方法方面，赫什伯格主要展开了文献调查与研究、诊断式访谈、诊断式观测、问卷与调查、场地与气候分析这 5 项方法。

5.1.6 布莱斯和沃辛顿的策划方法

策划是一个从对需求的一般表达到获得特殊解决办法的提炼的过程，这个过程从检验建筑的需要开始并延伸到超出对使用中的建筑进行评估的阶段。他们的设计流程可分为 3 个阶段：项目前阶段、项目阶段、项目后阶段。

（1）项目前阶段的关键在于设定战略（评估需要、资源和预期，形成和评估备选方案，完善选出的战略性策划）；

（2）项目阶段的关键在于使战略生效；

（3）项目后阶段的关键在于评估和反馈。

5.1.7 亨利·沙诺夫的策划方法

沙诺夫认为，策划是对于意图的可沟通的表达，它是对受当地规范限制而希望达到的目标所开出的处方，它表达了所希望达到的目的，以及达到目标的方法。

沙诺夫虽然认为策划是灵活具有弹性的过程，但仍然有必要说明它的工作程序。他把策划分为以下几部分：识别（就是要找出问题）、鉴定和探索（确定问题的性质）、寻找和扩展（搜集所有与问题相关的信息）、分类和分析（数据需要按照一定的结构关系进行分类）、评估（评估阶段就是对结论的筛选）、执行（保证成果得以有效执行）、使用后（有关使用者对建筑建成后满意程度的信息对以后的建筑设计有重要的借鉴）。沙诺夫在这里标明的设计程序指在整个策划阶段应该提供的服务。

5.1.8 其他的策划方法

在沙诺夫的书中还总结了其他的策划流程，如图 5-5 ～图 5-10 所示。

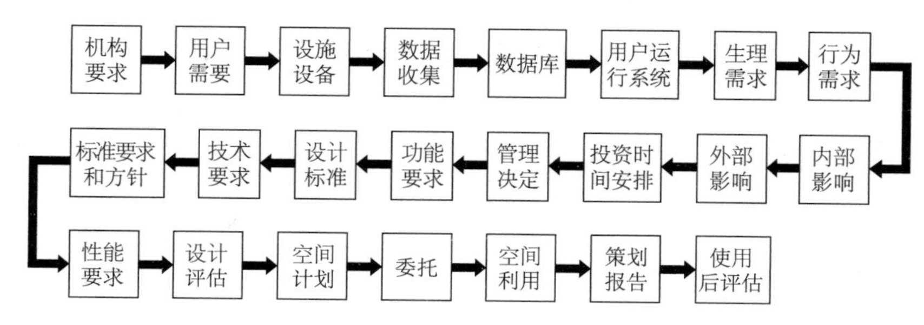

图 5-5 戴维斯的策划流程

来源：Henry Sanoff. Integrating Programming，Evaluation and Participation in Design：A theory Z approach[M]. Sydney：Avebury，1992.

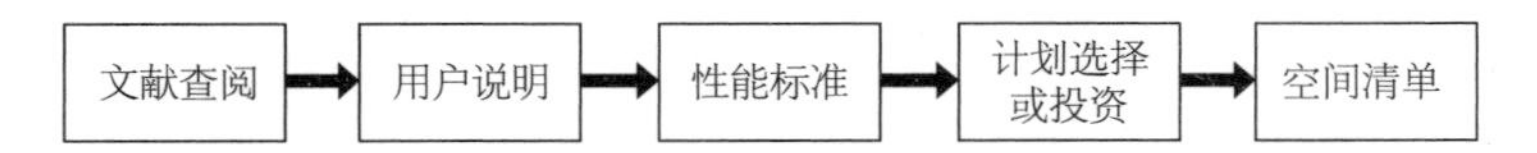

图 5-6　法伯斯坦恩的策划流程

来源：Henry Sanoff. Integrating Programming，Evaluation and Participation in Design：A theory Z approach[M]. Sydney：Avebury，1992.

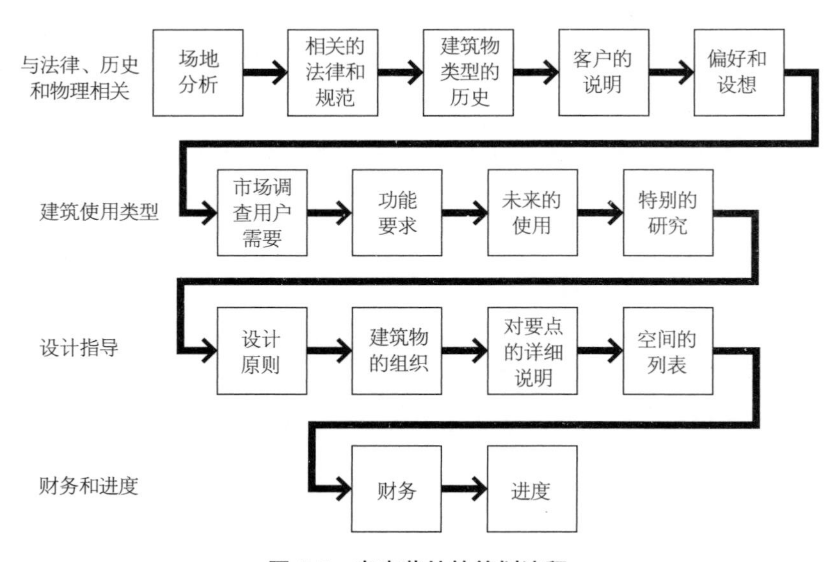

图 5-7　麦克劳林的策划流程

来源：Henry Sanoff. Integrating Programming，Evaluation and Participation in Design：A theory Z approach[M]. Sydney：Avebury，1992.

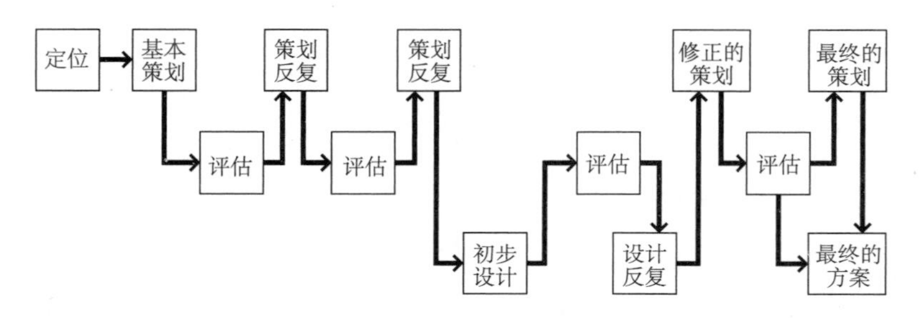

图 5-8　科茨的策划流程

来源：Henry Sanoff. Integrating Programming，Evaluation and Participation in Design：A theory Z approach[M]. Sydney：Avebury，1992.

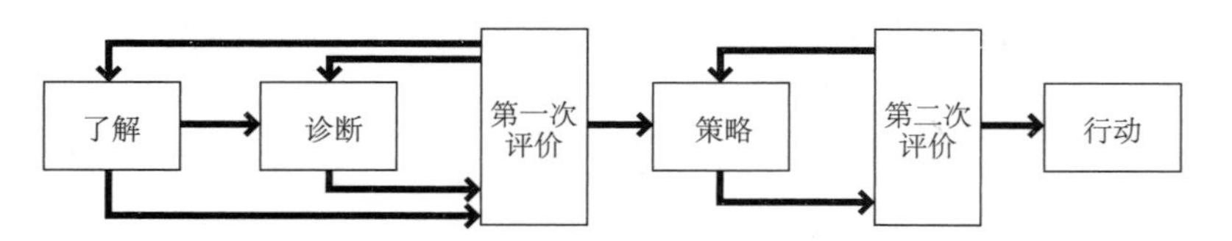

图 5-9　莫里斯基的策划流程

来源：Henry Sanoff. Integrating Programming，Evaluation and Participation in Design：A theory Z approach[M]. Sydney：Avebury，1992.

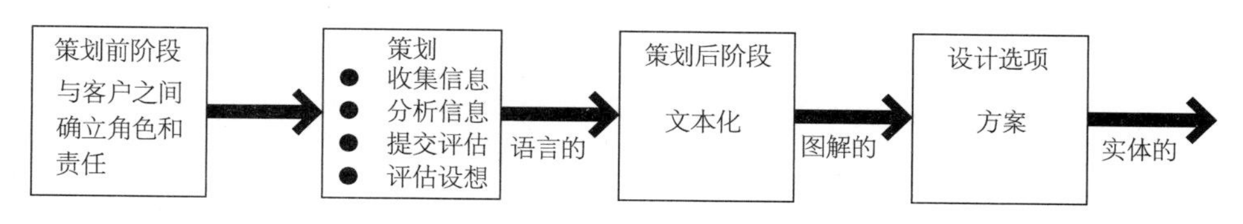

图 5-10　怀特的策划流程

来源：Henry Sanoff. Integrating Programming，Evaluation and Participation in Design：A theory Z approach[M]. Sydney：Avebury，1992.

5.2　日本建筑策划理论中的策划方法

在塚礼子、西出和彦的《建筑空间设计学：日本建筑计划的实践》一书中认为，建筑策划的根本在于对人的需求的把握，是在客观、实证、合理论证的基础上把握人的需求，并将其应用在规划和设计之中。其一系列的研究专注在以环境行为学以及环境心理学的研究方法为基础，从而在基于使用者特征以及人的需要基础之上结合建筑本体特征推导出对空间的具体要求。

5.3　英国建筑策划理论中的策划方法

弗兰克·索尔兹伯里的《建筑的策划》一书中，将建筑策划分为 7 个步骤：①初始阶段——指出问题；②可行性研究——测试可行性；③资料收集——获得对建筑的真实了解；④资料分析；⑤作出决定；⑥得出结论并提出解决方案或建议；⑦指出存在的问题并重复步骤①～⑤。

5.4　我国建筑策划理论中的策划方法

庄惟敏在《建筑策划导论》一书中认为：建筑策划通常有 3 点要素：①要有明确的、具体的目标，即依据总体规划而设定的建设项目；②要有能对手段和结论进行客观评价的可能性；③要有能对程序和过程进行预测的可能性。[1]

在庄惟敏的《建筑策划导论》一书中，对建筑策划的过程概括如下（见图 4-1）：

（1）目标的确定；

（2）外部条件的调查，包括调查项目的自然环境、人文环境及各相关建设条件；

（3）内部条件的调查，包括项目规模、预算、建筑功能等；

[1] 庄惟敏 . 建筑策划导论 [M]. 北京：中国水利水电出版社，2000.

（4）空间构想，草拟空间功能；

（5）技术构想，包括建筑材料、构造方式、施工技术等；

（6）经济策划，投资估算；

（7）拟定报告，策划工作文件化。

在 2016 年出版的《建筑策划与设计》一书中，关于建筑策划的方法，庄惟敏教授在介绍矩阵法、SD 法、模拟及数值解析法、多因子变量分析及数据化法、AHP 层级分析法等传统研究方法的基础之上，还与时俱进地探讨了大数据方法以及管理科学之中的模糊决策方法。

5.5 近期建筑策划软件

随着建筑策划的发展，项目决策者与建筑设计师之间的沟通愈加频繁，同时大型复杂项目本身对专业知识与全面信息的需求也越来越高，这就对科学技术支持提出了新的挑战。20 世纪 60 年代以后，电子技术的发展和计算机的使用为建筑策划思维方式提供了进行大规模数据统计分析、数学调查解析的可能，因此相应的建筑策划软件也应运而生。在美国，出现了多种建筑策划软件，它们多是与设计软件兼容，对建筑策划进行辅助的软件，2000 年以后出现的与 BIM（建筑信息模型）结合的策划软件——Trelligence AffinityTM（图 5-11），与建筑设计软件相结合，得到了广泛的关注。

图 5-11 策划软件 Trelligence AffinityTM 界面

Trelligence Affinity^{TM} 是一种在 BIM 平台上使用的策划软件，主要用于解决空间规划、方案设计及确定设计方案。它通过收集客户与项目的要求总结所需数据，然后将这些数据转化为设计方案，并在设计过程中不断更新收集的数据及与其相对应的方案，最后对多个方案进行比较。需要强调的是，Trelligence Affinity^{TM} 是一款为专业人员提供的建筑策划软件，它的目的是了解项目需求以及其在预算与设计方面的影响，并通过收集到的信息在短时间内提供多种可能性方案，同时帮助提高各个设计小组的沟通效率。此外，仅通过软件将各种数据直接转化为方案未免缺乏灵活性，因此需要人为地采用创意性解决方案对其进行调整，而非简单地通过软件的自有逻辑得到最终方案。该软件的信息收集板块主要关注建筑项目的推进过程，并不断把信息提供给其兼容的设计软件，继而在设计过程中不断提出修改、调整意见，从而将数据转化为建筑图形或建筑模型（表 5-1）。

既有的主要建筑策划方法 表 5-1

<table>
<tr><td rowspan="4">广义的建筑策划方法</td><td>语义学解析法</td><td rowspan="4">①从建筑科学的角度出发
②以实态调研为基础
③对相关制约因素进行定性和定量分析
④通过科学论证
⑤得出符合项目特点的建设目标、内容和要求</td><td rowspan="4">传统建筑策划方法的基础</td></tr>
<tr><td>模拟数值解析法</td></tr>
<tr><td>多因子变量分析法</td></tr>
<tr><td>数据化法</td></tr>
<tr><td>传统建筑策划方法</td><td>问题调查法</td><td>确立目标，收集和分析事实，提出和检验概念，决定需求，说明问题</td><td>简单、全面
注重团队行动和团队协作</td></tr>
<tr><td>近期建筑策划软件</td><td>Trelligece Affinity™</td><td>①与（BIM）建筑信息模型结合
②解决空间规划、方案设计及确定设计方案的工具</td><td>短时间内提供多种可能性的方案
关注建筑项目的推进过程</td></tr>
</table>

5.6　总结既有方法并分析其优劣

对于当前的大型复杂项目而言，威廉·培尼亚的问题探查法已不能很好地满足这一类建筑项目的策划需求。大型复杂项目信息涵盖面大，影响面广，项目本身层次错综复杂，如若使用问题探查法的步骤，除需要动用大量的人力与物力资源之外，由于问题探查法本身主要关注的是业主与建筑师的观念与意见，因此也有忽略其他相关利益群体意向的倾向。由于大型复杂项目并非仅同建筑师与业主这两个群体相关，它的影响范围和相关利益群体复杂且具有多样性，如忽视其他利益群体的决策，就会在很大程度上造成决策意见的缺失，这将直接导致项目建成后无法最大限度地满足不同利益群体的要求，在这种时候不论是对其进行合理调整或是返工，都将会产生很大一笔浪费和损失。而如果继续遵从问题探查法的五步骤法，简单地把与大型复杂项目相关的，包括业主与建筑师以及其他所有利益群体全都组织起来进行问题探讨，并权衡、平均各利益群体的意愿，也将是一项非常繁杂且几乎不可能完成的任务。

Trelligence Affinity™ 作为最具代表性的策划软件，它在一定程度上吸取了以前各种策划软件的优点，同时与 BIM 结合，并通过与一些建筑设计软件实现兼容，将数据文件转换为图形文件。由于与设计软件直接结合，Trelligence Affinity™ 在将数据直接转换为图形时，需提供能直接对设计方案产生影响的数据资料，也就是说在收集各方意见的过程中，Trelligence Affinity™ 里的 Affinity Questionaire（问题调查）对每一个决策对象都有非常具体的数值要求，要实现这样的结果，可以通过 3 种方式来达到：①参与决策的群体直接提供对各个决策对象意见的具体数值，例如由参与决策者选择决定建筑内某功能房间的面积、数量；②通过培训参与决策者或为其提供专业咨询简化参与决策者的决策过程从而使采集到的结果趋于准确且有价值；③参与决策者只对决策对象作定性的偏好选择，由专业人员根据具体情况对这些定性结果进行再加工——将其转化为具体的数据。总的看来，这 3 种方式各有利弊：第一种方式所需时间可能是最短的，但由于参与决策者来自社会各阶层、各方面，他们对与策划相关的专业知识的了解有不同程度的偏差，因此得到的结果的价值也是褒贬不一；第二种方式得到的结果能最准确地表达参与决策者的原始意愿与偏好，但是培训参与决策者的方式无疑用时过长，且无法确保达到的效果，但为其提供专业咨询本身是一种有效地帮助参与者作决策的方式，可以结合网络搜索、数据库资料以及适当的人工服务形成较全面的解决方案；第三种方式由于专业人员与参与决策者有一定程度的脱节，所以得到的结果有可能无法完整地表达决策者的意愿。如果能将这 3 种方式结合起来，把不同的决策方式与相适宜的决策对象和决策问题搭配，必要的情况下将其组合甚至调整改良，对决策过程加以完善，那么也是可以得到较为理想的结果的。然而策划软件 Trelligence Affinity™ 在决策过程中并未为参与决策者提供相关的指导，加上该软件的工作原理本身需要各决策对象的具体数据信息，这对广大参与决策的非专业人士（如使用者、投资商、周边居民等）而言都过于专业化且非常抽象，致使他们不能完整地表达自己的意见，从而造成决策者的流失与收集数据的偏差。

5.7 建筑策划群决策理论中的策划方法

5.7.1 进行建筑策划群决策方法研究的意义与目的

结合我国建设项目建筑策划的发展趋势和新时代技术，本书提出建筑策划群决策方法，将群决策理论和建筑策划结合起来，建筑策划是寻求建成效益最大化的首要步骤，而群决策方法和技术的应用是完善建筑策划研究，促进决策科学公平的有效方法，两者的结合有着重要的意义。

建筑策划群决策，是在项目建设之前，为充分发挥集体智慧，使建成项目能满足各个利益群体的意见与要求，由各利益群体及其成员共同参与决策分析并集结成群决策的过程。对于当前许多大型复杂项目而言，因其使用、运营与维护等众多方面与多种利益群体息息相关，除此以外，该类建筑项目的规模、造价以及影响力等方面也不容小觑，因此通过科学集结的方式综合这些利益群体的意见与要求，即建筑策划群决策非常有必要。传统的决策模型是建立在一定约束条件下的目标函数最大化或最小化，但是简单地将多个准则归并为单一准则，使用单准则决策理论与方法来解决多准则决策问题不符合逻辑，也不能科学地解决彼此准则多样性而不相一致的所有决策问题。建筑策划群决策正是这样具有多准则决策问题的研究对象，选取一种或几种最为适当的方法来使其最终达到合理性（图 5-12）。

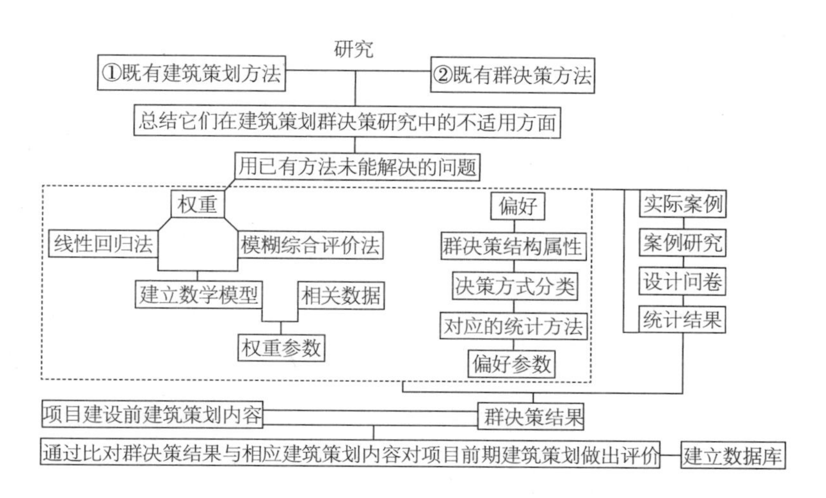

图 5-12　建筑策划群决策与既有方法优化

5.7.2　使用计算机辅助分析建筑策划群决策方法的必要性

当前，我国的建设项目越来越多，其建筑策划具有复杂多样的特性，涉及大量的相关群体，包含复杂的内容，而其间各因素之间的相互影响关系更是大大加剧了策划的工作量和难度，但它又是项目建设过程中必不可少的步骤。如何在策划阶段充分发挥集体智慧，科学定量地将各利益群体的多个不同意见综合成为一个群体意见，使各利益群体之间的利益博弈取得一个平衡点，是本书关注的重点。

在建筑策划中，参与群决策的主体较多，且每类决策主体之间对某些决策项存在各种分歧和意见冲突，此外，每一类决策主体内部可能还包含了多个彼此意见不一致的决策个体，群决策主体的层级关系说明了其复杂程度，因此仅群决策主体这一影响因子本身的属性就已经包含了大量的数据信息。此外，任何一个项目的决策对象都是复杂多样的，不管是以层级方式还是其他方式将其统合，其包含的数据信息量都不易估量。在集结群决策意见时，需要将每一个参与群决策的单独主体与每一项无需再分层级的决策对象一一对应，并将所有数据统合起来，从而得到最后需要的建筑策划群决策。从该过程即可以看出其涉及巨大的数据信息量，单靠人工无法精确地在短时间内将其集结，使用计算机作为辅助，可以大幅度减小人工录入和查询数据的开销，而计算机快速存储的优势在此也能得到很好的运用，同时还可以使分析方法具有通用性和扩展性（图 5-13）。

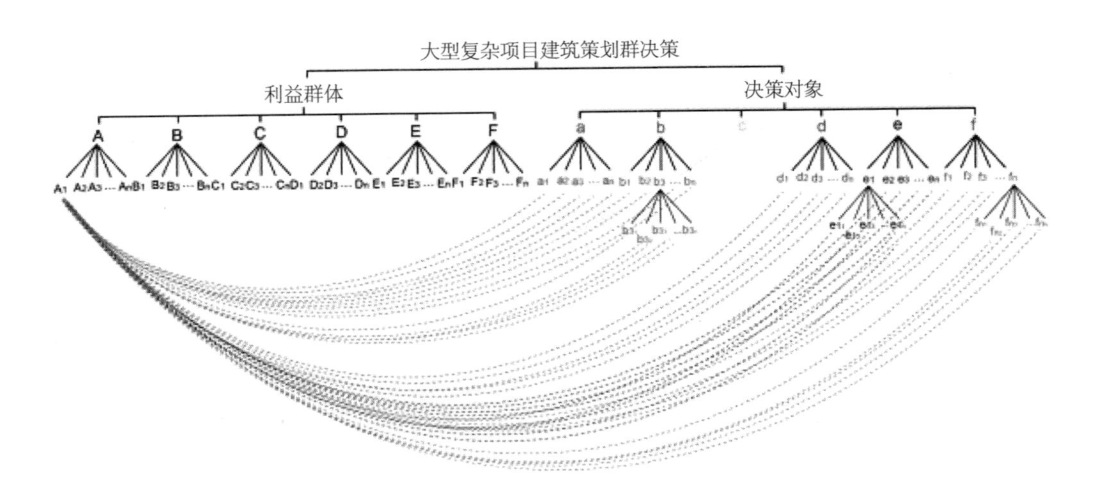

图 5-13　单个利益主体与所有决策对象的一一对应关系反映出的巨大数据量

建筑策划群决策数据分析方法可以有针对性地建立发现策划问题（设计决定因素）的相关信息矩阵，基于网络平台和计算机辅助决策，在建筑策划的决策过程中引入多方面有关群体的主动参与，取代传统的建筑师辅助业主的单一决策方式，为下一步建筑设计工作搜集更客观全面的信息，并促使决策在前期尽快生成，消除潜在的隐患，加快工程进度，尽可能地以科学公平的方法优化和平衡多方利益，减少设计返工和资源浪费，帮助实现建设项目的建设目标，提升建筑的社会、经济、文化等价值。

5.7.3　既有建筑策划方法与群决策方法的比较分析

建筑策划是研究如何科学地制定项目在总体规划立项之后建筑设计的依据问题。在建筑策划运行过程中，策划方法和决策准则是进行建筑策划必需的技术准备和手段。广义的建筑策划方法包括语义学解析法、模拟数值解析法、多因子变量分析法及数据化法。传统的建筑策划方法也多以这几类基本方法为基础，通过适应具体问题、组合变化与进化发展而建立。

随着建筑策划的发展，项目决策者与建筑设计师之间的沟通愈加频繁，同时，建设项目本身对专业知识与全面信息的需求也越来越高，这就对技术支持提出了新的挑战。20 世纪 60 年代以后，电子技术的发展和计算机的使用为建筑策划思维方式提供了进行大规模数据统计分析、数学调查解析的可能，因此相应的建筑策划软件也应运而生。

在美国，不断涌现出多种建筑策划软件，它们多是与设计软件兼容，对建筑策划进行辅助的软件，如 TrelligenceAffinity™——一种在 BIM 平台上使用的策划软件，是解决空间规划、方案设计及确定设计方案的工具。它通过收集客户与项目的要求总结所需数据，然后将其转化为设计方案，并在设计过程中不断更新数据及对应方案，最后比较多个方案。需要强调的是：TrelligenceAffinity™ 是一款为专业人员提供的建筑策划软件，它的目的是了解项目需求及其在预算及设计方面的影响，并通过收集到的信息在短时间内提供多种可能性方案，同时帮助提高各个设计小组的沟通效率。考虑到仅通过软件将数据直接转化为方案缺乏灵活性，因此需要人为采用创意性解决方案对其进行调整，而非通过软件的自有逻辑得到最终方案。

在群决策方法方面，既有的理论方法主要分为序数方法、基数方法和不确定性方法三种。[1] 群决策的分析过程通常以大量计算作为其支撑，利用计算机技术、网络技术、数据处理技术等为群决策提供多种形式的信息交互与技术支持为广大人群所接受。这样的群决策支持系统能够较好地提供与决策问题有关的数据、信息以及相关背景知识，通过合理的决策准则和群体组织将不同偏好和不同行为模式的群成员的个体选择集结为群体选择（表 5-2）。

对既有方法的总结 表5-2

既有的建筑策划和群决策方法	主要特点	不适用于大型复杂项目建筑策划群决策的方面
序数法	直接明了地表达调查者对调查对象的偏好排序	仅使用序数法则不能掌握调查者对调查对象的具体偏好数值
计数法	把调查者对调查对象的偏好精确到数据信息	无法排除一些随机的无法控制的因素，不易得到想要的结果
问题探查法	关注业主、建筑师的意见与观念注重团队行动和团队协作	忽视其他利益群体的决策，造成决策意见的缺失
Trelligence Affinity ™	与一些建筑设计软件兼容可将数据文件转换为图形软件	信息收集过于专业性，造成决策者流失与收集数据的偏差；倾向于采用创意性解决方案而非一般逻辑

5.7.4 采用群决策方法研究要解决的重点问题

在针对大型复杂项目建筑策划群决策方法的研究中，序数法便于调查者理解，并且

[1] 徐玖平，陈建中．群决策理论与方法视线 [M]. 北京：清华大学出版社，2009.

能很好地表达调查者对调查对象的偏好排序，但是仅使用序数法则不能掌握调查者对调查对象的具体偏好数值，这一点可以通过基数法来比较好地解决，但是由于具体对象具体数值的确定过程较为复杂也较序数法难理解，且无法排除一些随机的无法控制的因素，导致不易得到理想的结果。因此本书在进行问卷设计和信息收集时，将综合序数法、基数法这两种最基本的策划思想方法作为群决策方法研究的参考，将不同的方法分别同适宜的调查问题结合，使其更加贴近参与调查者的理解范围，也尽可能使收集的信息更全面地体现不同决策者的意见和意向，以力求从各决策者偏好的具体数据和各决策者偏好序两个方面来总结分析决策结果。

此外，群决策领域的决策支持系统（GDSS）以人机交互为基础，它的重心在于群决策支持，即决策群体通过充分讨论和协调之后作决策，它的实现较复杂并且直接影响最终完成程度。GDSS 研究属于复杂科学的研究范畴，主要在群体推理、定性定量集成的研究方面存在缺陷，目前的 GDSS 不能很好地解决定性的半结构化和非结构化问题，其成功应用的实例是很少见的。

本书建筑策划群决策数据分析方法研究涉及四个重点难点问题（图 5-14）：

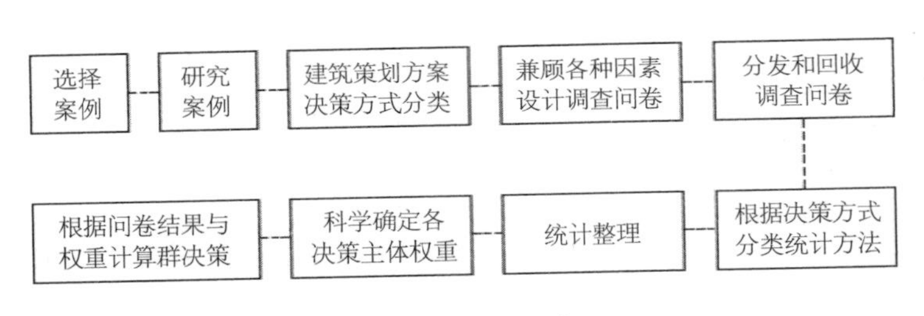

图 5-14　研究框架

（1）把建筑策划群决策囊括到少数几种决策方式中，这个问题的重点在于如何合理分类，既要能最大限度地涵盖所有问题类型，又要保证简洁明了，使复杂的问题简单化；

（2）设计调查问卷，要以案例本身的建筑策划为基础，以方便后期横向对比，此外还要兼顾策划主体、策划对象、策划方式 3 种因素的影响，寻求三者的平衡点作为设计的重点（图 5-15），只有这样才能发挥决策方式的作用，使得建筑策划群决策得到真正意义的简化；

（3）如何统计调查结果，这与第一个问题是相辅相成的，以已分类的决策方式为参照，针对几种不同的决策方式采取不同的统计方法。

5.7.5　建立建筑策划群决策计算机分析方法

建筑策划群决策的两个重要参数——决策主体偏好与决策主体权重（在前文已经提

及），其中决策主体偏好包括决策方式分类与相应的统计方法分类两部分。

根据对建筑策划群决策结构属性的研究，结合群决策的基本理论方法，本书将建筑策划群决策的方式分为 5 类：单向选择、多项选择、SD 法题、排序题、主观题。所谓单项选择法是决策者在一系列列出的决策选项中选出唯一一个个人认为最满意或是最适合的选项；根据这 5 种方法再分别选取不同的科学统计方法（图 5-16 ~图 5-18）。

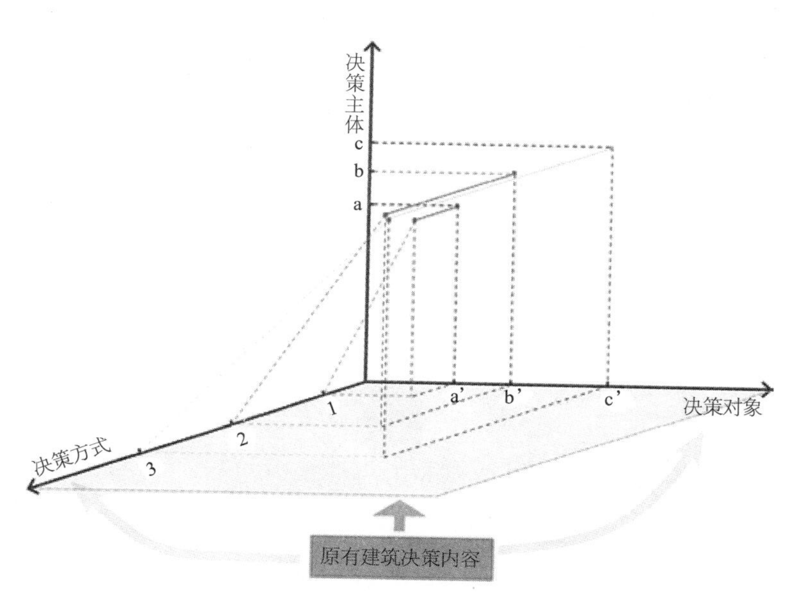

图 5-15　主体、对象、方式三者平衡

ITEM GROUP	a	b	c	d	e	f
A	Aa	Ab	Ac	Ad	Ae	Af
B	Ba	Bb	Bc	Bd	Be	Bf
C	Ca	Cb	Cc	Cd	Ce	Cf
D	Da	Db	Dc	Dd	De	Df
E	Ea	Eb	Ec	Ed	Ee	Ef

决策对象 / 决策主体	功能	环境	外观	能耗	经济	时间
政府	政府功能偏好	政府环境偏好	政府外观偏好	政府能耗偏好	政府经济偏好	政府时间偏好
市民	市民功能偏好	市民环境偏好	市民外观偏好	市民能耗偏好	市民经济偏好	市民时间偏好
使用者	使用者功能偏好	使用者环境偏好	使用者外观偏好	使用者能耗偏好	使用者经济偏好	使用者时间偏好
投资方	投资方功能偏好	投资方环境偏好	投资方外观偏好	投资方能耗偏好	投资方经济偏好	投资方时间偏好
建筑师	建筑师功能偏好	建筑师环境偏好	建筑师外观偏好	建筑师能耗偏好	建筑师经济偏好	建筑师时间偏好

图 5-16　决策主体与决策项之间的关系

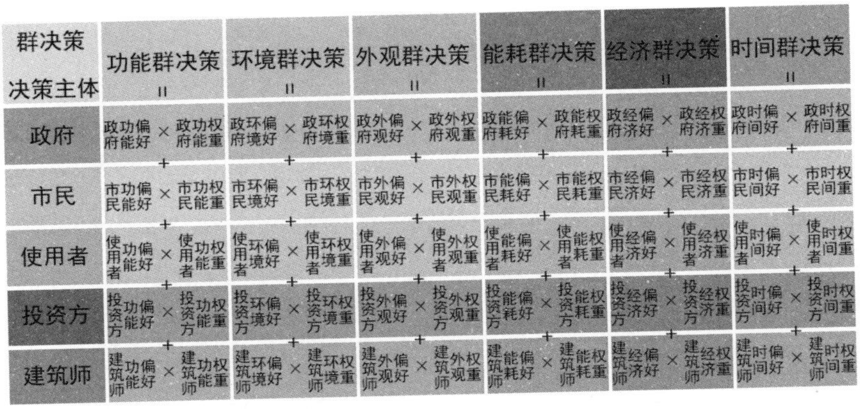

群决策 决策主体	功能群决策 =	环境群决策 =	外观群决策 =	能耗群决策 =	经济群决策 =	时间群决策 =
政府	政府功能偏好 × 政府功能权重	政府环境偏好 × 政府环境权重	政府外观偏好 × 政府外观权重	政府能耗偏好 × 政府能耗权重	政府经济偏好 × 政府经济权重	政府时间偏好 × 政府时间权重
	+	+	+	+	+	+
市民	市民功能偏好 × 市民功能权重	市民环境偏好 × 市民环境权重	市民外观偏好 × 市民外观权重	市民能耗偏好 × 市民能耗权重	市民经济偏好 × 市民经济权重	市民时间偏好 × 市民时间权重
	+	+	+	+	+	+
使用者	使用者功能偏好 × 使用者功能权重	使用者环境偏好 × 使用者环境权重	使用者外观偏好 × 使用者外观权重	使用者能耗偏好 × 使用者能耗权重	使用者经济偏好 × 使用者经济权重	使用者时间偏好 × 使用者时间权重
	+	+	+	+	+	+
投资方	投资方功能偏好 × 投资方功能权重	投资方环境偏好 × 投资方环境权重	投资方外观偏好 × 投资方外观权重	投资方能耗偏好 × 投资方能耗权重	投资方经济偏好 × 投资方经济权重	投资方时间偏好 × 投资方时间权重
	+	+	+	+	+	+
建筑师	建筑师功能偏好 × 建筑师功能权重	建筑师环境偏好 × 建筑师环境权重	建筑师外观偏好 × 建筑师外观权重	建筑师能耗偏好 × 建筑师能耗权重	建筑师经济偏好 × 建筑师经济权重	建筑师时间偏好 × 建筑师时间权重

图 5-17　群决策与具体决策主体、具体决策项之间的关系

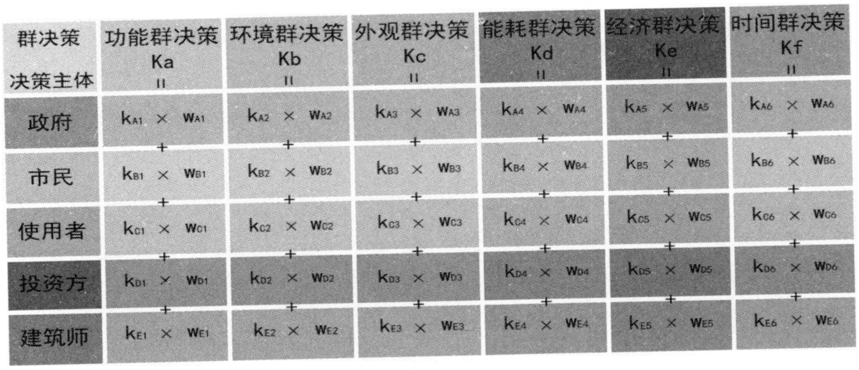

群决策 决策主体	功能群决策 Ka =	环境群决策 Kb =	外观群决策 Kc =	能耗群决策 Kd =	经济群决策 Ke =	时间群决策 Kf =
政府	$k_{A1} \times w_{A1}$	$k_{A2} \times w_{A2}$	$k_{A3} \times w_{A3}$	$k_{A4} \times w_{A4}$	$k_{A5} \times w_{A5}$	$k_{A6} \times w_{A6}$
	+	+	+	+	+	+
市民	$k_{B1} \times w_{B1}$	$k_{B2} \times w_{B2}$	$k_{B3} \times w_{B3}$	$k_{B4} \times w_{B4}$	$k_{B5} \times w_{B5}$	$k_{B6} \times w_{B6}$
	+	+	+	+	+	+
使用者	$k_{C1} \times w_{C1}$	$k_{C2} \times w_{C2}$	$k_{C3} \times w_{C3}$	$k_{C4} \times w_{C4}$	$k_{C5} \times w_{C5}$	$k_{C6} \times w_{C6}$
	+	+	+	+	+	+
投资方	$k_{D1} \times w_{D1}$	$k_{D2} \times w_{D2}$	$k_{D3} \times w_{D3}$	$k_{D4} \times w_{D4}$	$k_{D5} \times w_{D5}$	$k_{D6} \times w_{D6}$
	+	+	+	+	+	+
建筑师	$k_{E1} \times w_{E1}$	$k_{E2} \times w_{E2}$	$k_{E3} \times w_{E3}$	$k_{E4} \times w_{E4}$	$k_{E5} \times w_{E5}$	$k_{E6} \times w_{E6}$

图 5-18　将具体项换为公式形式

建筑策划的群决策包含多个方面，如功能群决策、环境群决策、外观群决策、能耗群决策、经济群决策与时间群决策等，针对不同的方面需要分别进行群决策整合，各个不同方面的群决策整合都需要包含各决策主体的全部意见和偏好（表），每一个决策对象的群决策值 = 每一个决策主体的偏好 × 该决策主体的权重加总求和，即：

$$K=(K_1\times W_1)/N_1+(K_2\times W_2)/N_2+\cdots+(K_n\times W_n)/N_n \quad (W_1+W_2+\cdots+W_n=1)$$

1. 确定策划对象，问卷调查的方式采集决策者的初步信息

设计调查问卷，以邮件或者社交网络的方式邀请各个决策人群参与调查。现有的在线问卷系统具有初步的信息汇总和统计功能，部分统计值将可以直接在最终的群决策集结中使用。

2. 问卷信息导入计算机数据库

问卷结果汇总整理好之后，需要将结果导入计算机数据库，用作后续计算。数据库的存储结构通常为 表单 ->key->value。本书 将同一个决策主体的数据存于同一张表单中（表 5-3），具体项目为各决策单项的值。

表单—普通用户 **表5-3**

Key（绿化率）	Value（36%）
Key（车位）	Value（400）
……	……

结合通过问卷调查得到的各不同决策对象（在不同决策方式分类下）的结果，与不同决策方式的统计方法，通过计算机整合出不同的决策群体对不同决策对象的单个群体决策值，作为后文所需的偏好参数准备。

3. 经统计通过偏好参数与权重参数确定群决策结果

要通过前文已建立的方法来求解各决策主体权重就要先将已建立的方法转化为计算机程序，然后收集研究案例各项相关参数，通过录入计算机，快速运算出各决策主体权重参数。

大型复杂项目建筑策划的群决策包含多个方面，如功能群决策、环境群决策、外观群决策、能耗群决策、经济群决策与时间群决策等，针对不同的方面需要分别进行群决策整合，各个不同方面的群决策整合都需要包含各个决策主体的全部意见与偏好，最终得到的结果即是最终群决策结果的集结。如图 5-19 ~ 图 5-21 所示，每一项决策对象的群决策值 = 每一个决策主体的偏好 × 该决策主体的权重加总求和，即

$$K=(k1\times w1)/n1+(k2\times w2)/n2+(k3\times w3)/n3+\cdots+(kn\times wn)/nn\ (w1+w2+w3+\cdots+wn=1)$$

4. 构建大型复杂项目建筑策划群决策相关信息数据库

构建相关信息数据库，也是建立大型复杂项目建筑策划群决策方法中一个非常重要的部分，只有将每一个经过大型复杂项目建筑策划群决策方法分析整合的过程和所有相关数据、信息都录入数据库中，才能为今后更多的其他案例研究提供数据准备和参考。这将对以后的案例研究与群决策过程提供许多便利，特别是在为更多的大型复杂项目进行建筑策划群决策分析时，通过数据信息不断变化累积为其提供相应的数据，也就是说，例如日新月异的科学技术，与日俱增的客户需求，日益丰富的艺术形态等都会随着时间阶段而演变，大型复杂项目也会逐渐体现出变化，这些变化都会在数据信息中完整地体现出来，录入数据库后，对以前的大型复杂项目相关数据与信息不断进行修正与整合，为以后的大型复杂项目群决策结果起到逐步推进、完善的作用。本书的重点在于研究群决策方法，主要目的是建立普世性的大型复杂项目建筑策划群决策方法，数据库是其以后投入使用的一部分，但由于本书仅选择案例中的部分决策对象作为研究对象，虽然能通过决策方式与统计方法分类将所有决策对象囊括其中，但无法全面地将案例涉及的所有决策对象的具体数据与相关信息存储入数据库为以后的对应决策对象提供参考，只能提供该方法，并将本书已研究的决策对象部分的数据与信息录入数据库，为以后具体对象提供参照。

5. 建立大型复杂项目建筑策划群决策计算机分析平台

通过对以上几个重点问题的研究与相关基本数据的准备，可以以此为基础建立大型复杂项目建筑策划群决策的计算机分析平台。该平台针对解决大型复杂项目的建筑策划群决策问题，当面对一个需进行建筑策划群决策分析的新项目时，该平台会首先要求管理者将项目名称以及需要调查的项目相关问题录入计算机（图 5-22），此时计算机会显示各决策主体的权重以及当前决策结果（未进行调查统计时的结果）（图 5-23），点击“添加决策意见”，则进入问卷调查页面，各决策主体可在该页面参与问卷调查（图 5-24，图 5-25），当所有参与调查的决策主体完成该项目整个调查问卷之后，该平台即可以针对管理者输入的每一个决策项计算出其各自的建筑策划群决策结果（图 5-26）。

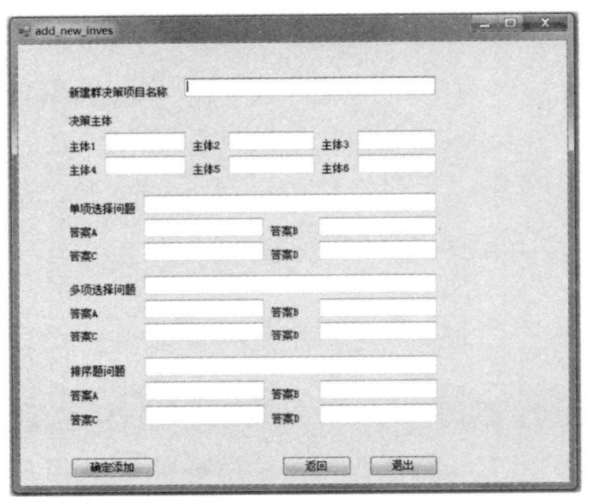

图 5-19　建筑策划群决策计算机分析平台新建项目界面

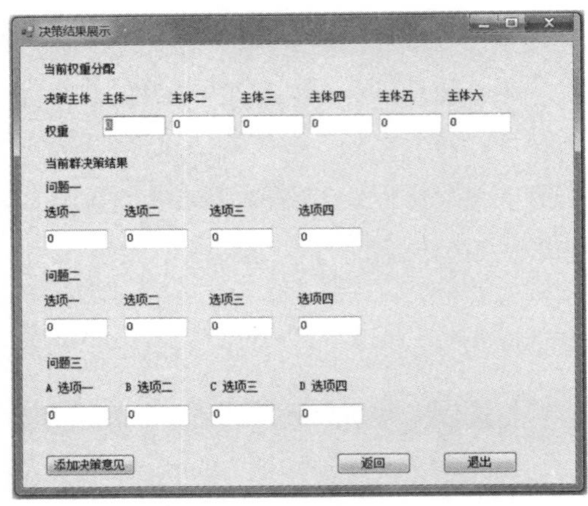

图 5-20　各决策主体权重以及当前决策结果界面

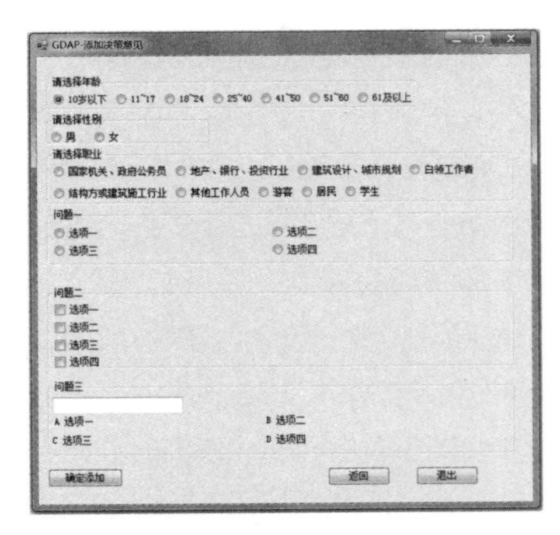

图 5-21　建筑策划群决策计算机分析平台决策主体参与问卷调查界面

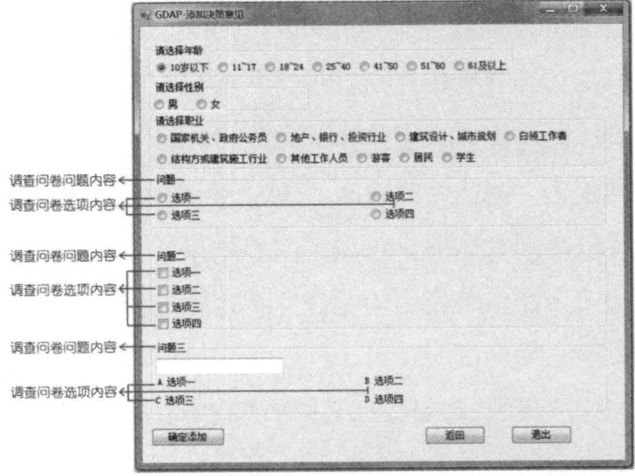

图 5-22　建筑策划群决策计算机分析平台决策主体参与问卷调查界面说明

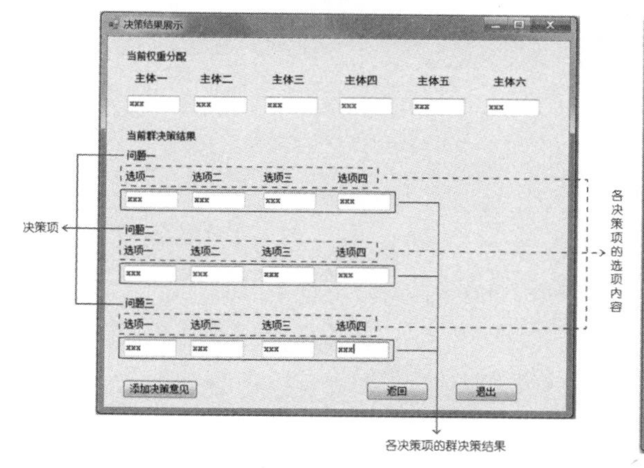

图 5-23　建筑策划群决策计算机分析平台 ×× 项目建筑策划群决策结果界面

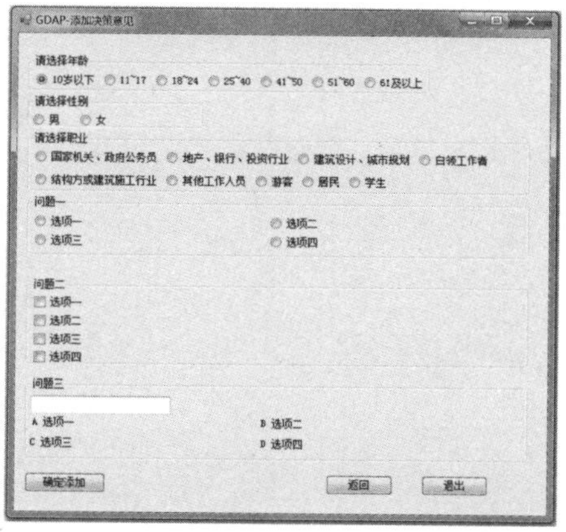

图 5-24　各决策主体参与问卷调查页面

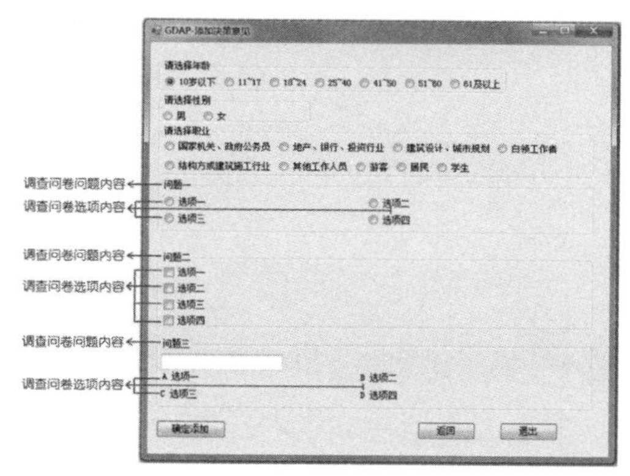

图 5-25　各决策主体参与问卷调查页面

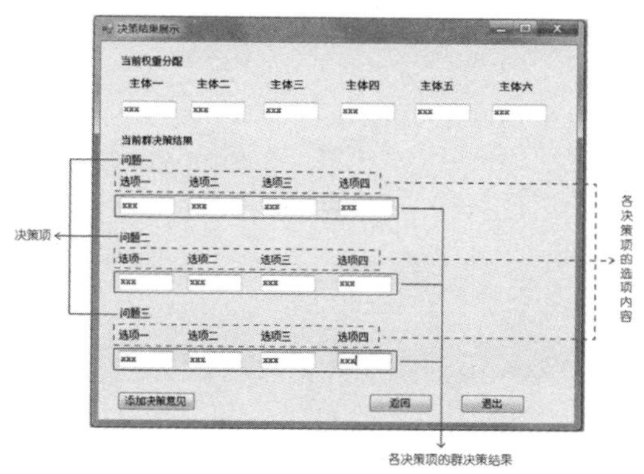

图 5-26　计算各主体的建筑策划群决策结果

在使用该平台对一个新建项目进行建筑策划群决策分析计算时，需要说明的有：

（1）选择项目类型可以确定系统中是否存储有相同类型的已建成项目的建筑策划群决策数据，如有，则可以直接选用其作为参考，如没有，则需开始一个全新的建筑策划群决策过程。

（2）相关决策主体与各决策主体的权重是可人为控制的，如有相同类型的已建成项目的建筑策划，则可以对其各决策主体的权重进行计算求解（如本书所选案例——上海虹桥综合交通枢纽，就可以求得它的各决策主体权重），如没有，则需要人为地调控。

第6章 建筑策划群决策模型

6.1 群决策方法的提出——对比传统决策方法

国外的建筑策划研究相对成熟，但是与我国建设程序、法规条件、经济要求、社会文化、相关人员职责界定等都有一定差距。在我国的建设项目中，建筑策划理论和方法的研究还远远不能满足工程实践的需要，借鉴并完善国外建筑策划理论方法，针对我国项目建设实际需求结合新技术领域的深化研究势在必行。

在借鉴国内外现有的多种具有代表性的建筑策划理论的同时，结合多年的设计实践和教学经验，本书总结出了一套新的适应于我国国情的建筑策划方法，即运用群决策相关理论支撑建筑策划，这是在建筑策划领域首次提出“建筑策划群决策”的概念，该方法的意义在于:整合多领域的知识和信息，兼顾多方面利益，以科学策略处理利益冲突，使建筑策划更加完善和科学，通过构建建筑策划群决策模型，指导形成一套完备的建筑策划程序和机制，规范我国建筑策划制度。

6.2 建筑策划群决策模型概念界定及系统特性分析

6.2.1 建筑策划群决策系统

系统是目前在日常工作和生活中经常听到和提到的名词，不但大到全国的铁路网、全球的互联网是系统，小到一台笔记本电脑或者手机也是系统。“系统”一词来源于拉丁语，具有“集合”“组合”的含义，早前用系统一词代表某个群体、某个组织或者集合。但是系统作为一个科学概念，还是因为20世纪以来的科学技术持续发展，它的内涵才逐步变得明确。各类系统具有一些共同的特征，这些特征是：系统由一定数量的要素集合而成，系统内部的各要素之间及内部要素与要素集合之间，甚至与外部环境之间存在着有机联系，系统整体具有整体功能。[1]

建筑策划的群决策指在项目前期的建筑策划过程中，组织各类相关利益群体进行群体决策。群决策过程中涉及各种要素，这些要素彼此关联、牵制、影响，由此形成一个统一体，具有整体功能，整体和外部环境之间也存在着联系，所以可以将建筑策划群决

[1] 王众托．系统工程 [M]. 北京：北京大学出版社，2010：1。

策看作为一个系统，运用系统工程论的理论方法进行思考和研究。

6.2.2 建筑策划群决策模型等于系统模型

模型法是通过对现实中的系统进行概括，用某种图形、图像或者数据的方式表达成模型，再以模型为媒介对现实系统进行思考和探究，由此导出结论。模型法是现代工程中一种常用的研究方法。

系统模型是现实系统的替代物，它以一种概括的方式表现了现实系统，能够表达现实系统中各要素和模块之间的关联关系，以及要素、模块之间的因果作用和反作用。[1]系统模型可以把现实系统中的复杂情况以一种更简单的方式表达出来，所以即便现实系统不能被构建出来，也可以借助系统模型进行模拟和猜想，预估所需数据，如图 6-1 所示。

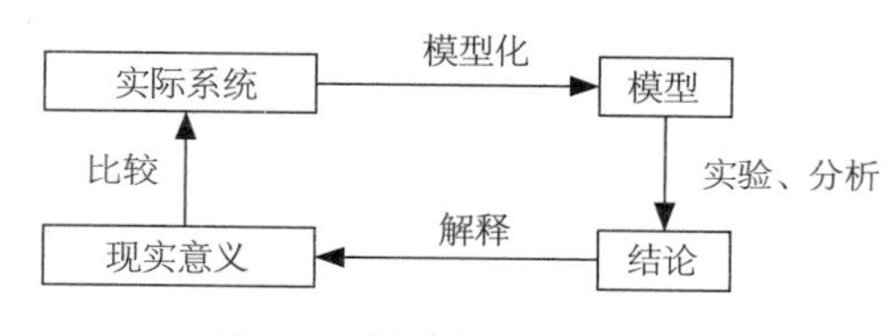

图 6-1　模型的作用和地位

来源：汪应洛．系统工程 [M]. 第 4 版．北京：机械工业出版社，2008：36

建筑策划群决策作为一个系统，可以采用模型法建立系统模型对其进行研究，系统模型操作比较简便，通过系统模型进行分析使操作者更容易抓住要领，系统模型重点表达了现实系统的重要特性，由此更容易导向一个明确的结果，同时，在系统模型中更方便进行数据的调整和修正。所以本书尝试通过建立群决策模型对群决策现实系统进行思考和探究，通过建立的群决策模型用以了解、观察和实验群决策这一过程中涉及的种种要素和要素关系。本书希望整合构建出的群决策模型属于系统模型，具有系统模型的一般特性，系统模型研究是系统工程论的一个范畴，所以借鉴系统工程论的理论和方法进行模型的整合研究。

目前对建筑策划群决策模型尚且没有确切的概念界定，为了配合研究，本书尝试界定其概念，建筑策划群决策模型指的是在建筑策划群决策过程中，集结多类相关利益群体的偏好意见，以多主体参与的方式输出决策结果的结构模型，其优点是有效避免个体偏好带来的决策失误，以科学理性的方法促使建设项目的成功决策。

[1] 白思俊．系统工程导论 [M]. 北京：中国电力出版社，2014：15.

6.3 建筑策划群决策模型整合的原因

本书希望整合构建的群决策模型作为一个系统模型整体，应该可以表达概括完整的群决策过程，具有系统模型的一般特性：

整体性——整体性是系统的核心属性，意味着系统是一定数量的要素形成的统一体，发挥系统的整体效应。

相关性——系统中的各要素、模块及整体、外部环境是彼此相关的，各要素分工合作。

目的性——一般的系统模型都具有某种目的。

涌现性——各个部分组成一个整体之后，某些原来没有的性质、功能、要素就会产生。

建筑策划群决策模型作为一个系统模型所具有的特征要求对模型进行整合研究，使其成为一个整体。

亚里士多德曾经说过："整体功能大于各部分功能之和。"通过进行建筑策划群决策模型的整合研究，考虑各要素的属性及它们之间的关系，将它们整合在一个大框架内，才能够得到一个高效有机的群决策系统模型整体，协调并统一管理诸要素，使得具有各自特定功能和目标的要素相互分工协作，发挥系统模型的整体效应，反映建筑策划群决策过程。

6.4 建筑策划群决策模型的整合方法及步骤

6.4.1 建筑策划群决策模型的整合方法选用

建筑策划群决策是一个系统，建筑策划群决策模型是一个系统模型，所以建筑策划群决策模型的整合研究属于系统工程论的一个范畴，本书借鉴系统工程论的理论和方法对模型进行整合研究。

在系统工程理论中，综合（synthesis）与整合（integration）两个词出现的频次很高，整合建立模型的方法有很多，如直接分析法、情景分析法、实验法、综合法、老手法、辩证法、模拟法、试探法等等，它们各自有各自的特点，适用于不同的情况（表 6-1）。

系统工程论中模型整合建立的主要方法　　表6-1

整合方法	特点
直接分析法	分析解剖问题，深入研究客体系统内部的细节（如结构形式、函数关系等），利用逻辑演绎方法，从公理、定律导出系统模型
情景分析法	是一种灵活而富于创造性的辅助系统分析方法，一般是指在推测的基础上，通过一系列有目的的、有步骤的探索和分析，设想未来的情景以及各种影响因素的变化

续表

整合方法	特点
实验法	通过对实验结果的观察和分析，利用逻辑归纳法导出系统模型，梳理模型方法是典型代表
综合法	这种方法既重视实验数据又承认理论价值，将实验数据与理论推导统一于建模之中，这是在实际工作中最常用的方法
老手法	老手法主要有 Delphi 法，即通过专家们之间启发式的讨论，逐步完善对系统的认识，构造出模型来
辩证法	构成两个相反的分析模型，相同的数据可以通过两个模型来解释，这样关于未来的描述和预测是两个对立模型解释的辩证发展的结果，这种方法可以防止片面性，其结果优于单方面的结果

在建筑策划群决策模型中，如何进行系统的整合？应该选取什么样的方法？本书根据建筑策划群决策模型的特征及现有研究的属性进行整合方法选用。

首先，模型的基本框架比较明确，现有研究围绕主要建模要素进行，现有研究成果已经为最终模型的建立奠定了基础，群决策在其他领域的应用和研究也比较广泛，也为本书研究奠定了基础。建筑策划群决策模型可以根据系统工程的规律，通过一般的推理分析，将其构建出来。所以此阶段选用直接分析法。

其次，在模型整合建立过程中，可以依靠经验、直觉和逻辑推理模拟设想未来的群决策在建筑策划中所处的环境和状态，预测其需要的技术、经济和社会后果，从而构想出模型的结构。所以此阶段选择情景分析法。

最后，在建筑策划群决策模型完成整合构建的理论分析之后，本书选取了两个案例对模型进行测试实验，希望通过对实验结果的观察和分析，对系统模型的推论进行验证。所以此阶段选择实验法。

在建筑策划群决策模型的整合研究中，本书主要采取这三种方法，基于对决策主体、决策对象，以及数据分析方法的综合考虑，进行推理分析和场景描述，然后通过一般的推理分析，将模型构建出来。

6.4.2 建筑策划群决策模型的整合步骤

建筑策划群决策模型的整合研究属于系统工程论的一个范畴，本书尝试参照系统工程论中的建模步骤，结合上文提到的直接分析法和情景分析法，从一个动态的角度模拟设想建筑策划群决策是如何运作的，通过建筑策划的运作流程来组织模型的整合构建。

对于建立系统模型，很难给出一个严格的步骤。建模主要取决于对问题的理解，建模人员的洞察力，受到的训练和掌握的建模技巧。但在系统工程论中模型的整合建立一般可以归纳为以下几个步骤[1]（图 6-2）：

[1] 汪应洛．系统工程 [M]. 第 4 版．北京：机械工业出版社，2008：38。

（1）明确建模的目的和要求，以便使模型满足实际要求；

（2）弄清模型中的各要素及相互关系，区分主要要素和次要要素，以便使模型准确地表示现实系统；

（3）确定模型的结构；

（4）表示模型中各要素的因果关系；

（5）实验研究，对模型进行实验研究，进行真实性检验，以检验模型与实际系统的符合性；

（6）必要修改，根据实验结果，对模型作必要的修改。

1 明确建模的目的和要求
2 弄清模型中各要素及相互关系
3 确定模型的结构
4 表示模型中各要素的因果关系
5 实验研究
6 必要修改

图 6-2　模型建立步骤

借鉴系统工程论中建模的一般步骤，先建立起模型的基本框架。采用建立方框图的方式构建模型的基本框架。建立方框图的目的是简化对系统内部相互作用的说明，用一个方框代表一个子系统，系统作为一个整体，可用子系统的连接表示，这样系统的结构较为清晰。❶

第一步：明确建模的目的，以便模型满足实际要求。

建筑策划群决策模型指的是在建筑策划群决策过程中，集结多类决策主体的偏好意见，输出决策结果的结构模型，它的目的就是表达群体偏好集结的过程（图 6-3）。

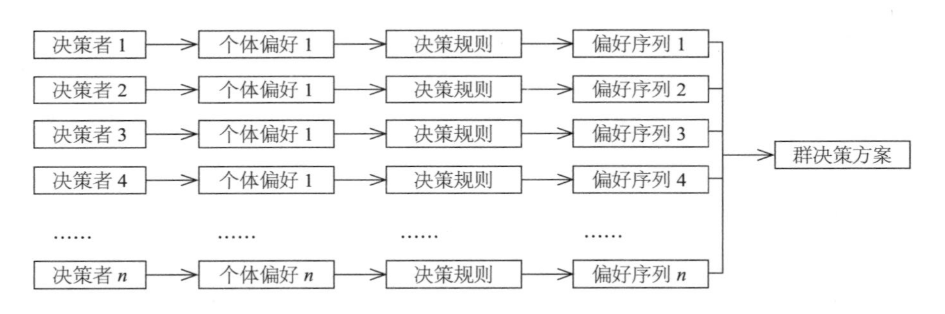

图 6-3　群决策偏好集结过程

第二步：弄清模型中的各要素及相互关系，区分主要要素和次要要素，以便模型准确地表示实际系统。

图 6-4 可以比较清楚地表现群决策过程中的各个要素以及它们之间的相互关系。群决策过程中涉及的要素有：决策主体、决策对象、数据分析方法（决策方法）、决策原则、决策目标、决策环境、决策组织、决策信息、决策支持、决策结果、决策评价（图 6-4 并不涵盖所有决策要素）。

❶ 白思俊．系统工程导论．北京：中国电力出版社，2014。

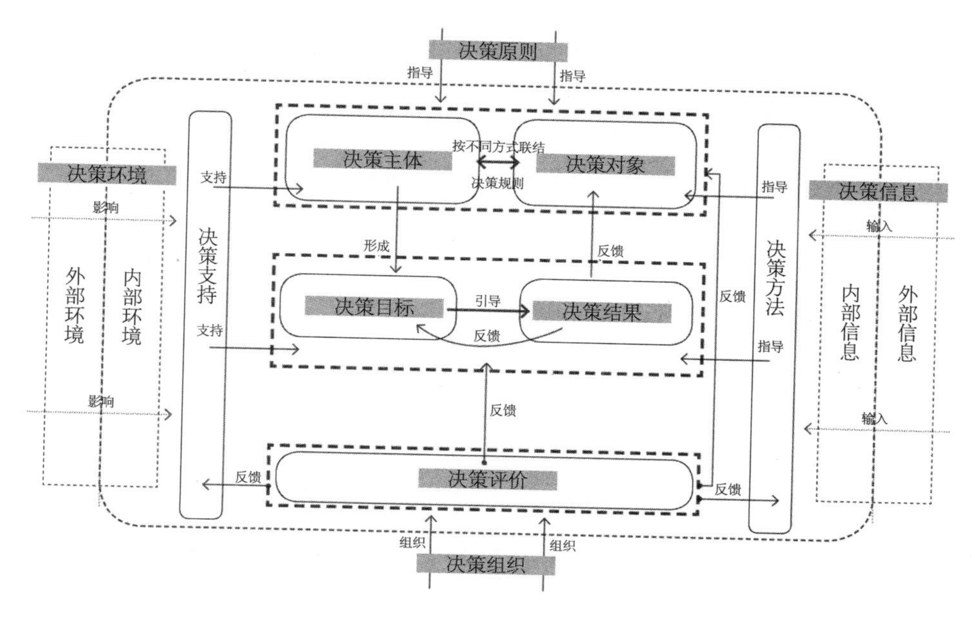

图 6-4　群决策过程要素及相互关系

从整个决策过程来看，决策主体是实施决策活动的主动者，而决策对象是实施决策活动的接受者，在数据分析方法（决策方法）的作用下，它们相互作用从而输出决策结果，然后进行决策评价。这几个要素是整个决策过程中最为直观的要素，可以将它们划分为主要要素，剩下的可以被认为是次要要素（图 6-5）。

第三步：确定模型的结构。

上一步已经划分了主要要素（决策主体、决策对象、决策方法、决策支持、决策结果、决策评价）和次要要素（决策原则、决策组织、决策信息、决策环境、决策目标等）。从整个决策过程的推进来看，可以通过主要要素的相互关系，推断出主要要素之间的大致结构（图 6-6）。

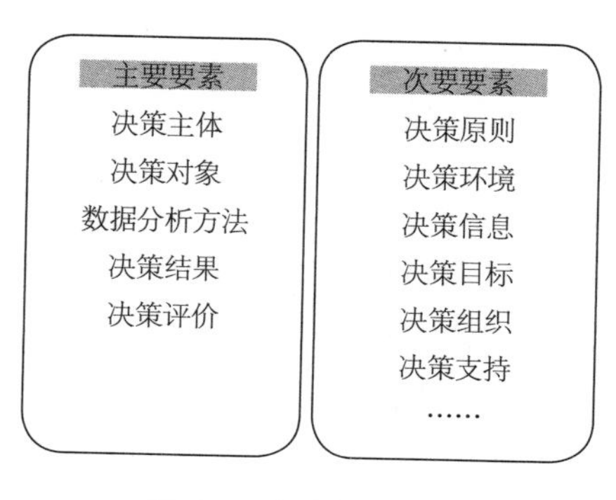

图 6-5　主次要素分析图

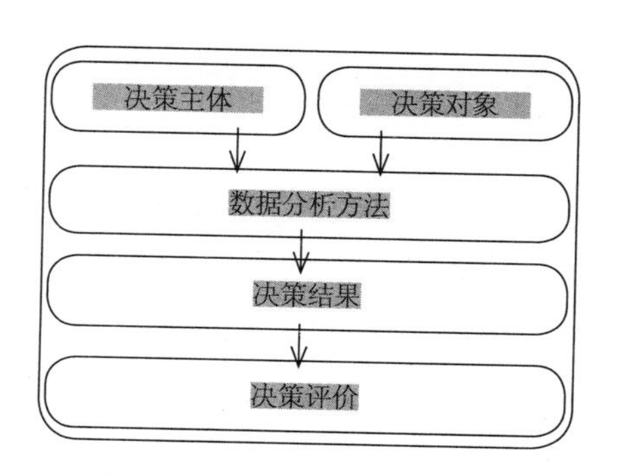

图 6-6　模型的基本结构

第四步：表示模型中各要素的因果关系。

本书对 5 个主要要素的关系进行分析。决策对象满足信息需求，决策主体承载信息处理能力，因为决策主体针对不同决策对象的权重赋予，两者交互作用。决策主体和决策对象的信息集成，通过数据分析方法输出结果，通过结果对决策主体、决策对象、数据分析方法、决策结果进行评价，形成反馈回路。

通过对模型的结构和各要素相互关系的分析，基本可以确定模型具有 2 个模块和 1 条循环回路。决策主体和决策对象交互作用形成第一个模块，数据处理方法输出结果形成了第二个模块，决策评价对其他要素形成了反馈回路。对建筑策划流程进行分析之后，我们认为，应该在原有基础上增加一个模块“项目基础分析”，用于对项目的宏观把控，形成模型的基本结构（图 6-7）。

为了更便于理解和交流，本书将三个模块和反馈回路分别命名为“信息吸收过程”、“信息再吸收过程”、“建筑决策信息生成过程”和“决策评价反馈机制”，由此，我们能够确定模型的基本框架——三层次一反馈（图 6-8），各主要要素之间的关系也已经被比较清楚地表现出来。

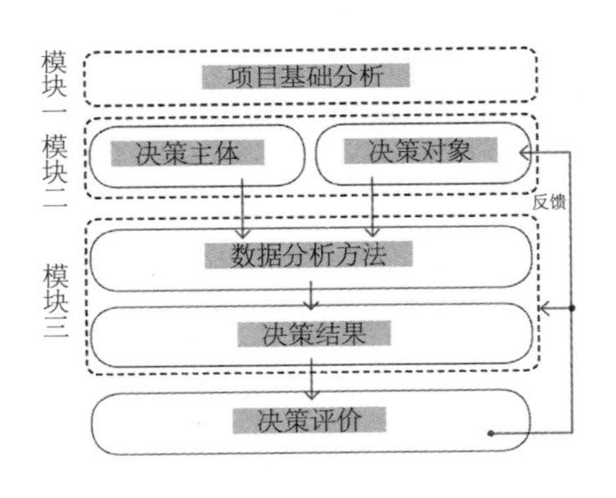

图 6-7　模型的基本结构 2

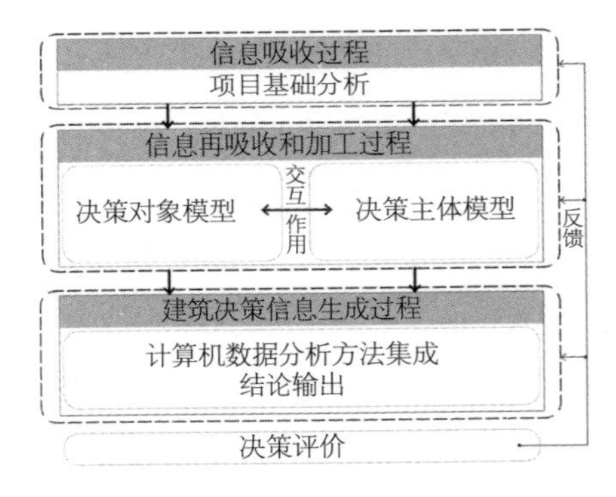

图 6-8　建筑策划群决策模型的基本框架

6.5　建筑策划群决策模型的整合结果

在现有研究成果的基础上，通过上述几个建模和整合步骤，初步构建了大型复杂项目建筑策划群决策的三层次一反馈模型，如图 6-9 所示。

上文从系统工程论的角度出发，通过直接分析和情景模拟探讨了大型复杂项目建筑策划群决策模型的整合建立，模型的整合构建主要从较为宏观的角度入手，比较关注几个主要模块之间的关系和模型的整体结构，忽略了一些细部要素，所以下面通过对该模型各个模块更为详细的说明，希望更为全面地梳理大型复杂项目建筑策划过程中的群决策步骤。

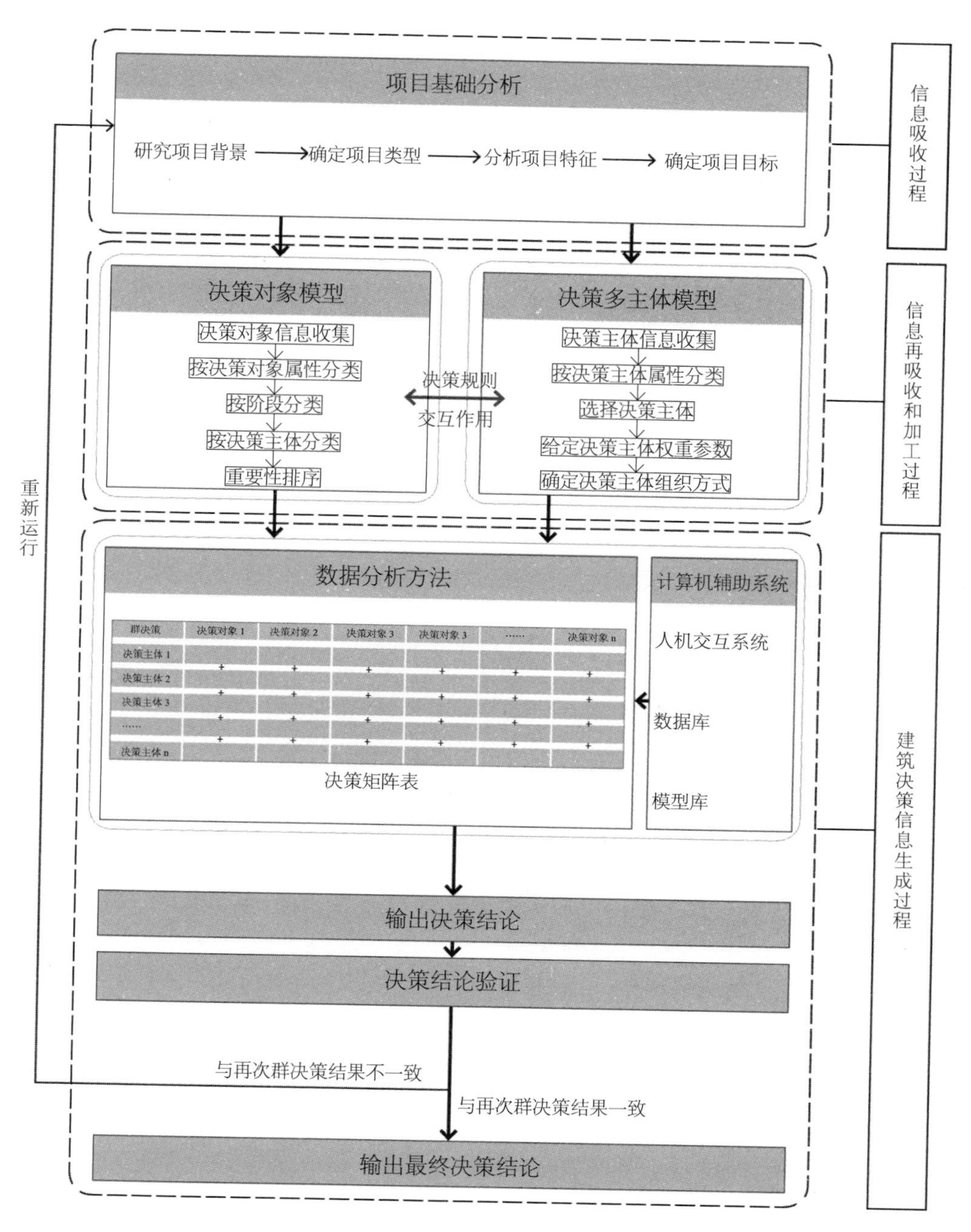

图 6-9　大型复杂项目建筑策划群决策模型

6.5.1　模型的第一层次——信息吸收过程

大型复杂项目建筑策划“群决策”模型的第一层次是信息吸收过程——项目基础分析，对项目进行宏观的了解和分析，收集项目信息，由四个步骤组成（图 6-10）：

（1）研究项目背景：理解一个项目的背景对于弄清楚信息收集的意义有重要的作用，

在对项目背景熟悉的情况下，策划组织者才能够更好地组织问题决策。

（2）确定项目类型：对项目类型的研究目的，是为了熟悉与项目类型有关的决策课题。

（3）分析项目特征：对项目关键特征的分析更能够在决策组织过程中抓住关键问题。

（4）确定项目目标：我们需要明确决策的目的，以及希望通过决策所能达成的目标。决策目标是在一定的环境和条件下，决策系统所希望实现的结果，缺乏明确的目标，难以清晰地界定决策问题。

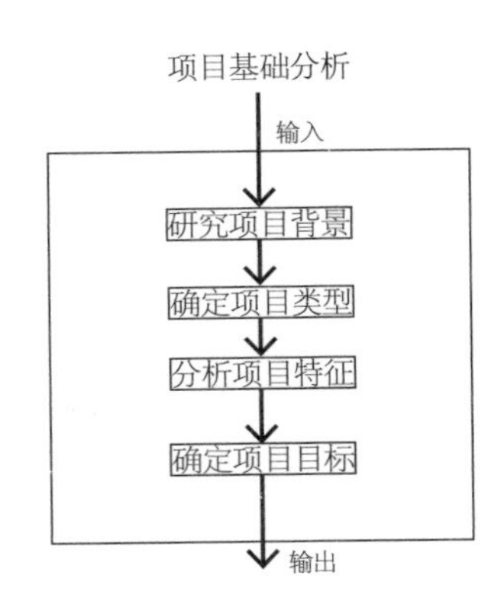

图 6-10 信息吸收过程

6.5.2 模型的第二层次——信息再吸收和加工过程

模型的第二层次是信息再吸收和加工过程，在该模块应该进行全方位的实态调查，模型的这一层次的目的在于对决策主体和决策对象的深入把握，全方位地收集信息，制定决策规则。

模型的第二层次包含 2 个模块，分别是决策对象模型和决策主体模型。

决策主体模型：对决策主体信息的收集和加工（图 6–11）。

（1）决策主体的信息收集：对于大型复杂项目而言，涉及众多相关利益群体，他们有着不同的背景和利益诉求，需要充分收集决策主体信息。

（2）按决策主体属性分类：这里涉及至少 2 个层级以上的问题，首先将决策主体按照第一层级专家、政府、公众、利害关系人 4 类进行分类，然后再进行下一个层级的决策主体分析，具体情况具体分析，根据项目情况进行操作。

（3）选择决策主体：哪些相关利益群体成为决策主体？是否所有的利益相关群体都应该参与？如何进行每个相关利益群体的代表选择？可以参照前文提到的现有决策主体研究中的信息原则、责任原则、影响力原则进行决策主体选择。

（4）给定决策主体权重参数——给定决策主体权重参数，该步骤即和决策对象模型产生了交互作用，需要根据不同决策对象的属性给定权重，

（5）确定决策主体的组织参与方式——决定不同的决策主体参与决策的方式（以何种手段参与决策）和时间。

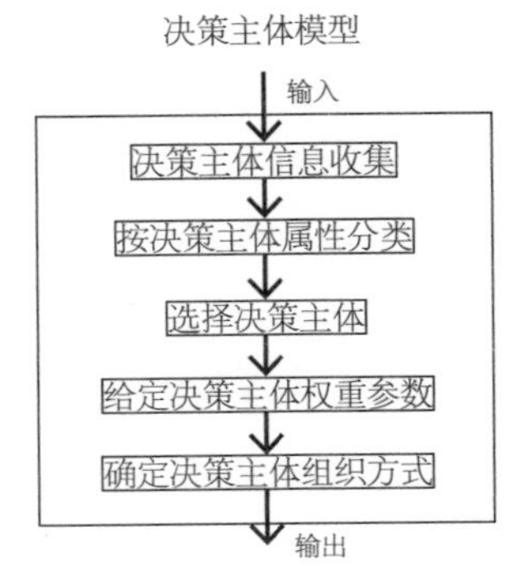

图 6-11 决策主体模型

决策对象模型：对决策对象的信息收集和加工（图 6-12）。

（1）决策对象的信息收集：尽可能全面地收集策划信息；

（2）按照决策对象属性分类：收集的信息按照四大属性（定性决策对象、定量决策对象、定性客观对象、定量客观对象）进行分类，提取出决策对象，但客观对象也不能丢弃，它们对决策问题的制定起到一定的影响作用。

（3）按阶段分类：不同的策划阶段关注不同的决策对象，需要对不同的决策对象进行决策，所以需要按照不同的策划阶段对决策对象进行分类。

（4）按决策主体分类：不同的决策主体关注不同的决策对象，所以需要按照不同的策划对象对决策对象进行分类。

（5）重要性排序：对决策主体进行重要性排序是时间管理的维度，忽略决策次要对象，关注主要决策对象，在一定程度上提高效率。

在完成了对决策主体和对决策对象的信息处理之后，两者之间因为决策规则的制定和决策主体权重参数的赋予已经产生了交互作用（图 6-13），然后界定决策问题，决策主体对决策对象进行偏好选择，进入下一个阶段。

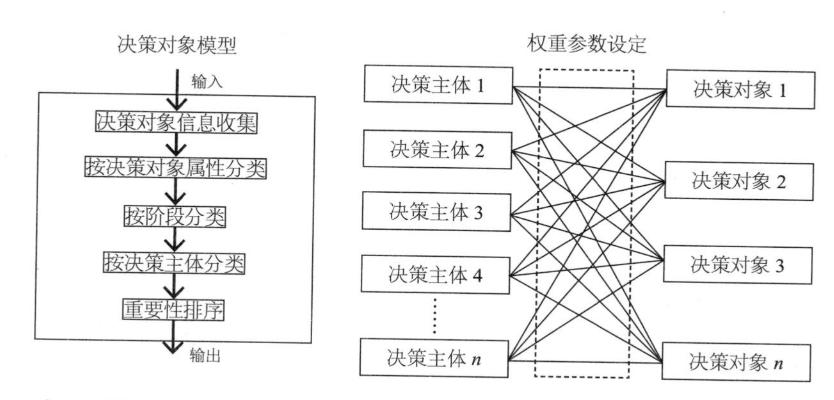

图 6-12　决策对象模型

图 6-13　决策主体和决策对象的交互作用

6.5.3　模型的第三层次——建筑决策信息生成过程

模型的第三层次是决策信息生成过程，决策主体和决策对象构成了决策矩阵，在群决策计算机支持系统的辅助下，决策主体对决策对象进行偏好选择，通过加权平均求和的方式计算结果（图 6-14），初步输出决策结论接下来是以定量的分析结果，将设计条件和内容图式、表格化，产生出完整的、合乎逻辑的决策报告。

这一部分关注运用计算机手段进行统计学方法的量化分析，定量分析的建筑策划群决策具有一定的科学性和说服力，可以给最终决策报告的输出提供依据。

群决策	决策对象 1	决策对象 2	决策对象 3	决策对象 4	……	决策对象 n
决策主体 1						
	+	+	+	+	+	+
决策主体 2						
	+	+	+	+	+	+
决策主体 3						
	+	+	+	+	+	+
……						
	+	+	+	+	+	+
决策主体 n						
	=	=	=	=	=	=
	决策结果 1	决策结果 2	决策结果 3	决策结果 4	……	决策结果 n

图 6-14　决策矩阵表

6.5.4　模型的反馈机制

现有的决策理论中，多有涉及决策评估方面的内容。几乎所有带目的性的活动都需要进行评价。我们的决策工作进行的如何？是否需要进行调整？这一次的决策对下一次的决策有没有什么借鉴作用？

我们认为，建筑策划群决策过程结束之后，有必要再次检查决策结果是否有遗漏或者错误，策划工作的困难之处往往在于策划组织者认为自己已经将各类决策主体的需求正确地描述出来了，但实际上还存在着一些偏差、误解和疏漏，因此有必要对决策结论进行再一次的评估，如果决策成果验证经过再次群决策结果一致，则可以输出最终决策结论，如果不一致，将调查结果反馈到前级的初级论证阶段，对相关数据进行修正，对模型进行检查，重新运算，得出正确结果，这是信息反馈过程。

反馈系统起控制作用，将得出的决策结果进行满意度测评，再进行一次针对决策结果的群决策过程，即利用结果对原因的反作用来调整决策活动，它包括决策主体反馈（决策主体对策划结果的感受、意见、建议，决策主体也是检验策划结果的镜子）、各环节统计数据反馈、设计效果反馈等，反馈机制的设定使得整个模型成为一个回路（图6-15）。

总的来说，决策反馈环节主要是将建筑策划群决策作为一个完整的过程来对待分析，尤其重视的是各方面利益团体各自的目的在决策过程中的综合体现和平衡，保证建筑策划群决策的过程考虑了客户、建筑师、使用者等各方面的利益。

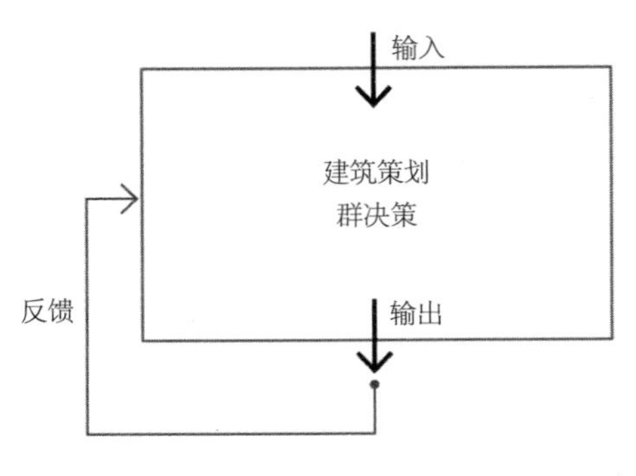

图 6-15　反馈机制

上文比较详细地从各个模块入手对大型复杂项目建筑策划群决策的模型进行了阐述，

梳理了建筑策划群决策的过程。但需要说明的是，上述决策过程的各个步骤并不一定是一步一步机械地进行的，有可能是反复交叉进行的。例如，在建立目标时就要考虑到可能的决策方案，否则，目标就有落空的危险。所以，在具体项目的决策过程中，我们需要根据情况具体实施，而不应该遵从一个僵硬的程序一步步机械化地执行。

第7章 建筑策划结论表达及案例

7.1 美国建筑策划理论中的策划结论表达

7.1.1 威廉·培尼亚的策划结论表达

培尼亚的观点认为：通常情况下，业主或者出资人会要求提交一份报告进行正式的审批。实际上，报告的内容就是对分析卡片、棕色草图纸和项目策划文字解释的汇总。这份工作文件可以按照报告大纲的标准格式进行编写。

如果需要许多不同单位的审批，而且各个单位要求的深度也不一样，那么报告也可以是一份非常细致的文件。在这种情况下，一份版式统一的报告将使得项目的评估和批准变得相对容易得多。

如果印制一份深化的文件，应该建立文字处理模板和统一风格以保持版式的一致性。尤其当项目小组的不同专业人员编写报告的不同部分时，要注意协调成员和业主对计算机应用系统的使用。

建立在项目策划步骤之上的标准报告大纲可以轻松地囊括各个具体问题，因为这些问题已经按照步骤进行过分类。这些报告中可以成为独立的章节。这样，避免章节之间的重复将不再是一个问题。反而，要舍弃什么经常会成为一个问题。可以使用附录来提供补充数据。项目策划师据以作出报告结论的大部分统计数据和详细信息应该包含在附录中。将细节放在附录中可以提高报告的可读性。

项目报告的首要目的是供业主审阅并请求他们的正式批准。一部分业主要求以签字形式对项目报告进行确认同意，并作为下一步设计的基础。因此，报告的前言应该包括以下说明：

项目报告的目的是在解决问题前阐述对问题的理解。这份文件将请求您的同意和批准，并作为决策程序的记录。

设计师在业主批准项目报告前不会撰写问题说明。这些说明将作为方案设计的第一步呈交给业主。

应该建立一个图书室存放项目报告和墙面展示材料。文献图书室是对具体建筑类型宝贵资源。对每份项目策划报告的对比分析将为确定业主的目标和理念提供基础。此外，对事实和需求报告的对比分析将揭示空间面积的基本要求，确定功能范围，并对预算内容进行典型分配。

使用索引工具和文件检索系统来确保能方便地查找文件。对于电子文档来说，应制定命名规则并按照标准目录结构来储存。

如果业主需要调阅相关电子报告，应向他们提供文档的目录结构，并书面报告计算机应用系统的各类版本。

佩尼亚的策划结论表达——报告大纲

题目页

0. 前言——目的、报告的结构、参与人员

1. 概述

2. 目标——功能、形式、经济、时间

3. 事实——预测数据汇总、人员需求、使用者描述、现有设施评估、场地分析（城市文脉、场地外观/从场地向外看、江水区域、地理位置、附近土地用途、场地面积/基本数据、周围道路、地形、步行距离、树木面积、交通流量、可建面积、现存建筑、土地升值潜力）、气候分析、规划分区要求、建筑法规调查、成本参数

4. 概念——组织结构、功能关系、优先事项、操作概念

5. 需求——面积需求汇总（以部门分类、以空间类型分类、以项目进度分类）、详细面积需求、户外空间需求、停车场需求、土地使用需求、预算评估分析、项目进度安排

6. 问题说明——功能、形式、经济、时间

A. 附录——文题索引、详细统计数据、工作量和空间预测方法、现有建筑空间详细目录、部门评估

7.1.2 赫什伯格的策划结论表达

赫什伯格认为策划工作的内容各不相同，取决于策划者认为哪些是有关建筑方案的最重要信息。如果策划者着重考虑功能因素和预算因素，则这些范畴将在策划工作中得到最大重视。如果建造场地和气候分析是主要考虑的因素，则它们就会摆到重要的位置。如果策划者定位于建筑方案的总体价值和目标确立，那么这些因素就会受到强调。如果设备需求是目标，那它们就会受到深度的考虑。在对建筑进行策划时需要维持一种平衡。

设计师会对策划文件进行查阅，并试图找出与设计特定阶段相关联的信息。因此，如果策划工作想要明确建筑目标的话，就应该对其进行组织，以使设计师能够很快发现

主要问题和目标，然后是事实信息和需求信息，最后才是关于如何深化设计的较详细的信息。

应该提高设计深化与获得详细信息的水平，并具体贯彻到策划和设计过程的每个阶段。如果第一阶段包含了过多的详细信息，就会将重要的与相对不重要的信息相混淆，从而给设计带来负面影响。另一方面，如果提供的信息过少，设计师就会以这些不完整的信息为基础而作出错误的决定。策划者必须明确每个设计阶段的重要信息，并以一种对设计师最有利的方法来传达给他。

一份完整的建筑策划工作会包含 5 ~ 8 个主要部分，包括一份执行概要、价值领域和目标、设计考虑因素、具体的设计需求、预算、时间进度表以及一份相关材料的附录表。但是，阅读者应该理解，设计问题的本质差异会影响每份策划工作的组织结构，因此每份策划工作都会有一些细微的格式变化。

赫什伯格的策划报告目录表

1. 初步——传送、致谢、目录、方法、参考

2. 实施概要——方案目的、主要问题、设计考虑因素、方案需求、方案进度表、预算和费用、策划协议／终止

3. 价值和目标——社区的形象、动作效率、使用者的需求、安全性、建造费用控制

4. 设计考虑——因素、场地和气候、规范和规定、组织结构、使用者的特性

5. 方案需求——总平面规划需求、示意性设计需求、建筑设计、室内设计、空间分配、关系矩阵、设计发展、建行体系、空间策划表

6. 预算和费用——拥有者的预算、预计的建行费用、预计的方案费用、资金可行性

7. 方案进度表——设计、建造

8. 设计理念——设计规则、设计分析

9. 附录——数据收集概要、参考资料

7.2 日本建筑策划理论中的策划结论表达

在日本建筑策划理论中，多借鉴环境心理学的研究，对不同建筑类型的策划有细致

的表达，包括空间尺度研究，使用者行为心理研究，流线、功能需求、空间关系，甚至对室内设施以及设备安装距离等等均作出明确的尺寸要求。这些前期细致的研究一方面为进一步的建筑深化设计提供了详尽认真的参考资料，另一方面也由于策划研究提出的结论要求过于细致乃至对空间尺度以及形态的规定过于严格，导致后期建筑设计受到过多束缚，也遭到建筑师特别是在关于创造力发挥受限方面的诸多抱怨。

7.3 英国建筑策划理论中的策划结论表达

索尔兹伯里的《建筑的策划》一书中详细介绍了策划书的形式与组成，列出了详细的核对清单，涵盖了一份理想的最终策划书的主要内容：①当记录最初需求时，纲要清单可以用来作为提示。②详尽的项目清单将帮助策划书编写者确定并记录下建设项目所特有的现状与要求。③当策划书初步成稿，或形成全面详尽的文件时，要进行 3 项信息收集工作。这些信息内容如下：

1. 目的与政策

项目目的描述以及资金与时间分配情况的描述，包括如下事项：

（1）基本目的和总体功能。

（2）项目的范围和内容。

（3）针对已有建筑不足之处而提出的需求。

（4）业主的人力资源、业主顾问以及内部专业技术人士。

（5）了解诸如容许建造区域、建筑成本、时间期限、强制性标准与尺寸以及在项目各个阶段优先考虑的事项等限制条件。

2. 运作因素

对期望活动、项目功能以及已建成项目运营方式的描述，包括下列内容：

（1）准备安置的活动。

（2）建筑使用者。

（3）职员、雇员和使用者以及拜访者的数量与类型。

（4）如何展开与组织活动，例如制造、经营、管理以及教育，或者共同使用空间的时间安排。

（5）活动与组织所需的通信系统。

3. 设计需求

将对内部环境与建筑周围环境的物质需求落实到细处：

（1）按照现有条件和预期效果制定内部与外部环境。

（2）建筑的地理位置与外部需求。

（3）建筑投入使用的时间安排、空间需求和特殊组合要求。

（4）平面布局与分区，包括空间之间的关系。

（5）行人与车辆交通。

（6）设备、装置、建筑配件和固定装置。

（7）对服务设施和工程装置的需求，以及标准与控制要求。

（8）建造施工标准。

（9）所有与造价相关的事项，包括所有修正与变更的成本计划以及成本概算。

这个大纲对于记录最初需求将起到提示的作用。在这个阶段不可能形成一份能准确而简要地表达所有需求的说明。然而，它却促使演化过程自然而然地转为真正的工作策划书——建筑师都能够确定这一点。

在与建筑师首次会面以后，业主将需要一份意见更加完整的策划书，并且也将进一步完善最初的陈述。

7.4　我国建筑策划理论中的策划结论表达

庄惟敏的《建筑策划导论》一书对策划结论的归纳和报告的拟定进行了详细的说明，认为建筑策划的结论可以归纳为两种形式，一是模式框图，二是文字表格。框图部分用来归纳和说明项目外部条件，如经济、人口、地理、环境等，以及内部条件如空间功能，设备系统、使用方式和预测、评价等等。将上述研究结果以框图形式表示，可以提高其逻辑性，有利于电脑进行多因子变量分析和数理统计的演绎，也便于与城市总体规划的准则和结论相比较对照。文字表格部分用来归纳和说明项目规模、性质、用途、房间内容、面积分配、造价、建设周期、结构选型、材料构想等。策划文本案例中最后通常以概念性设计作为收尾，来直观展示建筑策划的结论。

也就是说，建筑策划的结论是由框图和文字表格两部分组成的，围绕建筑创作活动的各个因素都体现在框图或是表格中，换句话说，各种因素的影响都可以从框图和表格中寻出其机制和相关关系，同时得出相应的要求。文字表格部分可以作为建筑师按照以往的习惯进行下一步设计的依据。这一由框图和表格文字组成的建筑策划的结论报告，正是建筑设计的科学依据。由于它自上而下，由内而外地系统分析和把握了建筑创作的一切相关因素，继而又由内向外，自下而上进行预测、评价和反馈修正，同时还运用近代数学和电子计算机技术手段，使得研究领域全面、细致且论证、定量分析和评价也具有相当的精确度。这就使建筑设计可以完全摆脱以往那种建筑师只按照业主个人或者个别专家意见拟就的设计任务书，埋头设计的被动局面，使建筑创作的科学性和逻辑性大大增强。

7.5 建筑策划群决策理论中的策划结论表达

基于建筑策划作为前期研究对建筑设计的指导作用，其结论必须清晰明确且具有可操作性。同时，建筑策划作为独立的一个程序或者步骤，其结论应该是一份完整的文件，既需要对后续设计工作有所规定和要求，同时又迫切需要把握好规定的尺度，不能完全限制建筑师的思维，而应给予建筑师想象力和解决问题的空间。所以在建筑策划群决策中，策划结论将前期研究的量化指标转换成建筑学专业语言，并以导则的方式进行综述，将是比较明确合理的表达方法。

建筑策划结论导则包括图则和文则两个部分，其中既包括定量的结论例如不同房间的建筑面积需求，也包括定性的结论例如建筑项目的使用人群定位；同时既对建筑策划的客观对象得出结论，又对建筑策划的决策对象得出结论。

建筑策划结论导则基于独立于建筑设计之外的独立程序，为保证导则的实施性以及对建筑设计的规定性，如何对待导则的不同条文规定强度是值得研究的问题。类比建筑设计规范的条文，强制性条文使用“应”字眼，而一般性条文使用“宜”字眼，来区分设计中强制性法规和建议性要求，在建筑策划群决策的结论导则中同理需采用一定的方式来区分必须遵守的导则图文和建设性意见的导则图文，使得在后期设计中能明确不同条文对建筑师的约束力以及建筑师设计思路的弹性边界。

7.6 案例

进行前六章的了解和学习之后，对建筑策划理论将会有一个全面而系统的认知，对建筑策划群决策方法也会更加明晰，将策划理论运用到实际项目中，最后选取几个具有代表性的策划案例完成最后一章节的编写，帮助学生理解学习该理论。

当建模输出决策结果与已有定量研究存在冲突的时候，需要不断调整初始值和设定参数，通过实证调查，特别是基于特定类型项目的实证验证，可优化和修正模型，直至形成一个理想的建筑策划“群决策”模型及其支持系统。以下 4 个有代表性的大型复杂项目，用以验证模型的有效性，四个项目分别为策划阶段项目（2 个）、建设阶段项目（1 个）和建设完成项目（1 个），前三个项目又分别用于预测性实验、连续性实验和评估性实验，第四个项目是科研的实践应用。

7.6.1 上海世博创意婚庆产业园

世博会结束后土地利用建设正在前期策划中，该项目作为预测性实验，预测建筑策划工作，并在一段时间后与实证统计数据比较，从而修正并验证模型的推理。

上海世博创意婚庆产业园项目位于世博浦西园区 D11 地块，策划与规划设计面积约 53.4hm^2。该项目分为三期，其中一期 3.6hm^2，二期 22.2hm^2，三期 27.6hm^2（图 7-1）。课题组针对前期的初步城市设计进行策划，完成基础资料收集、婚庆市场研究、相关案例研究（竞品及产品力曲线分析）、后世博使用概况分析、市场调研等等工作。

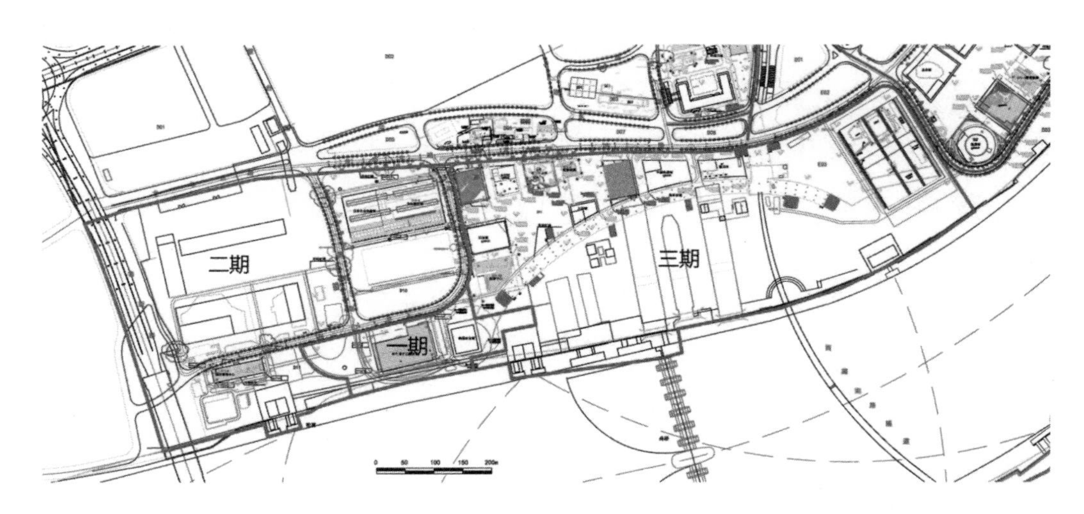

图 7-1　上海世博创意婚庆产业园项目三期用地

1. 前期研究阶段

（1）中国婚庆市场调研

婚庆产业正成为中国的朝阳产业，有着巨大的市场需求。婚庆行业的发展带动了婚庆用品、婚庆服饰、婚庆珠宝、婚庆摄影、婚礼、婚宴，以及房产、装修市场等行业的发展。婚庆市场的需求以北京、上海、广州等一线大城市最为显著。“上海每年约有 14 万对新人登记结婚，据新婚消费方面调查显示，88.4% 的新人需要拍摄婚纱照；49.14% 的新人计划请婚庆公司为他们举办婚礼；78.74% 的新人准备到酒楼举办婚宴；36.83% 的新人要为新娘购买婚纱；67.66% 的新人安排蜜月旅游，上海每年婚庆总产值约 25 亿元。”[1]

（2）上海世博园后续使用状况

《中国 2010 年上海世界博览会注册报告》中提出，“世博会后续利用包括三个层次：一是场馆的后续利用；二是土地的再次开发；三是新增城市基础设施和服务设施继续发挥后续效用。”

产品力曲线与上海世博婚庆产业园战略如图 7-2 所示。

上海世博婚庆园以婚庆产业为主，综合发展配套服务行业，提供多种婚庆服务；并

[1] 依托“精品虹桥”打造婚庆产业园［EB/OL］.2012-07-19.http：//shszx.eastady.com/nodez/node5368/node5376/node5389/ulai72088.html。

且融合世界各国婚庆文化及其他文化，提供丰富的文化生活体验，促进城市的有机发展（图 7-3、图 7-4）。

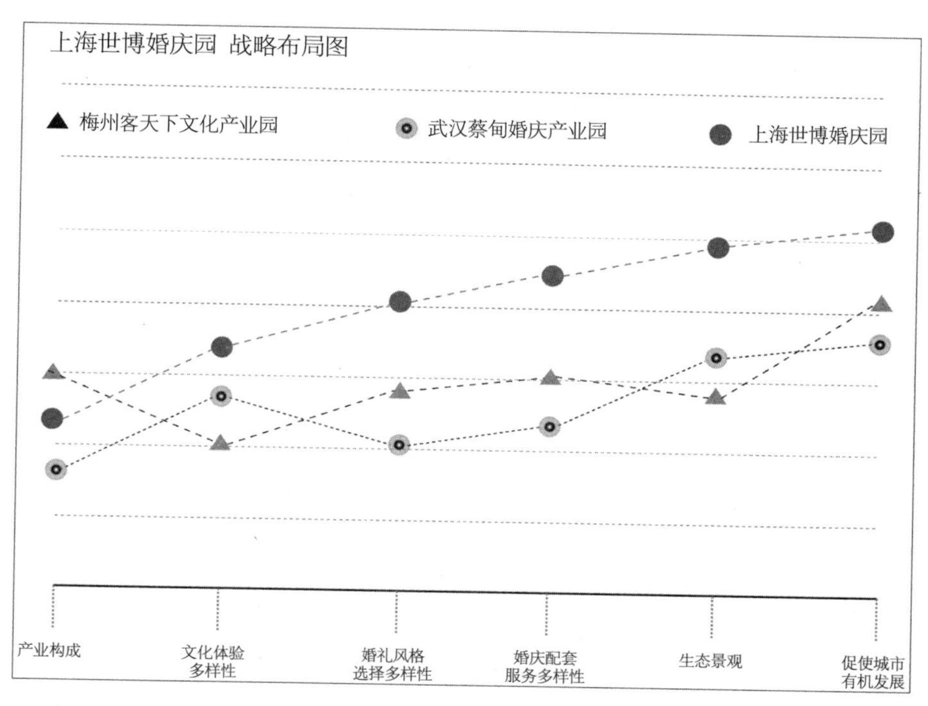

图 7-2 产品力曲线与上海世博婚庆产业园战略

来源：上海世博婚庆产业园建筑策划项目组

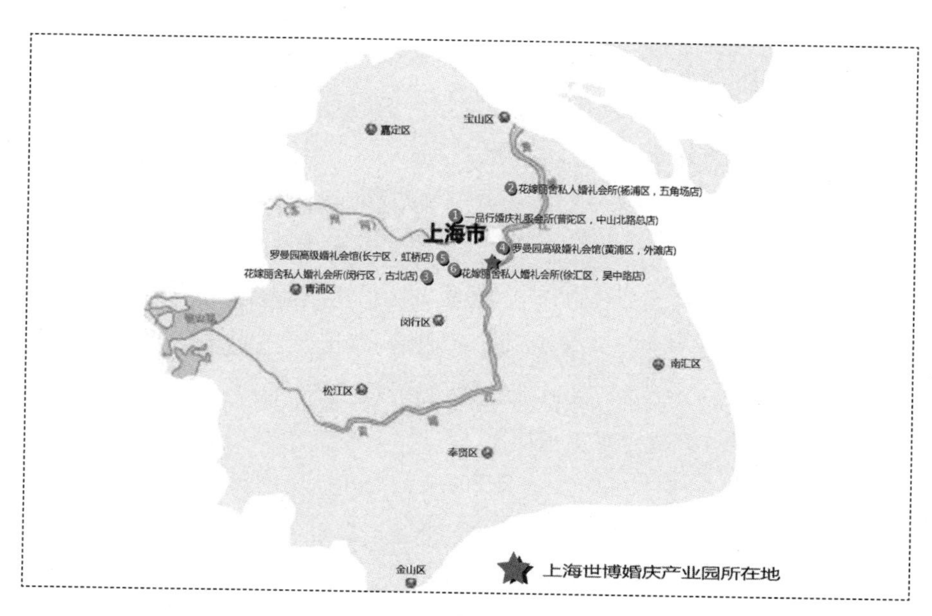

图 7-3 婚礼会馆竞品分析

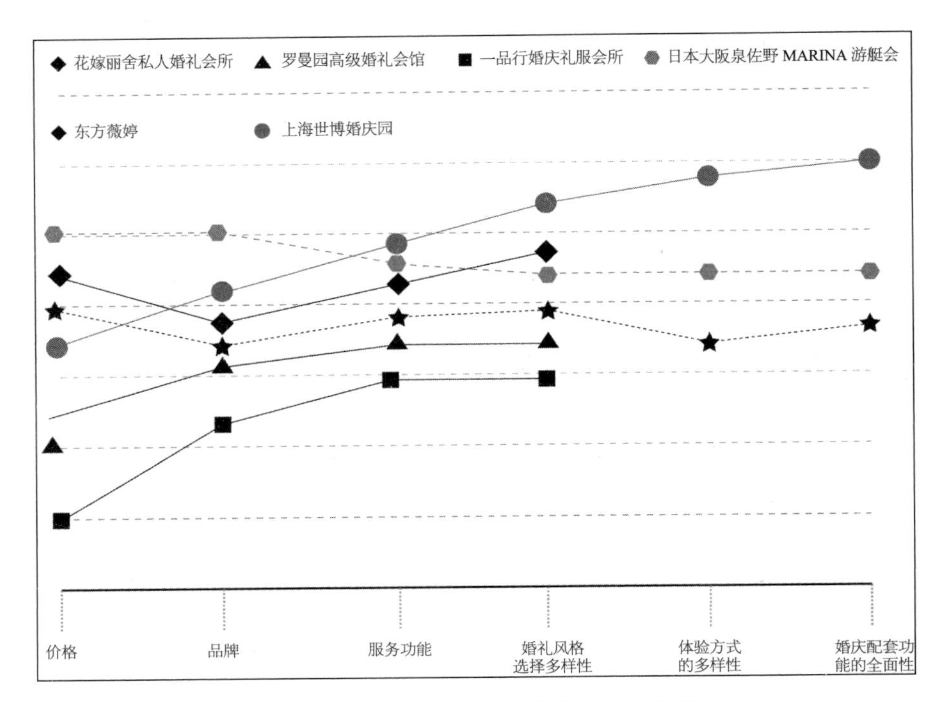

图 7-4　上海世博婚庆婚礼会馆产品力曲线

2. 建筑策划群决策调研阶段

除了资料查阅与分析方法外，还对即将结婚的新人（使用者）进行问卷调查以及访谈，以便更直观地发现婚庆市场的需求，了解得出的数据有更客观的依据，从而保证了婚庆产业园策划方案的准确性。调查问卷的设置，以大型复杂项目建筑策划群决策的决策对象系统为依据，按对象的 4 大属性分为 4 部分进行相关信息收集，问卷如图 7-5、图 7-6 所示。婚庆园建筑策划对象信息的收集，包括对与使用功能相关的、与建筑的形象相关的、与文化体验相关的、与消费水平相关的、与节能相关的等对象的信息收集。具体有婚期园使用功能的需求与构成、婚礼的举办形式、消费水平与定位、不同文化体验、建筑物的形象等内容。

工作小组针对消费者发了 1000 份，回收 892 份（其中外国人 89 份），其中女士 366 人，占 41%，男士 526 人，占 59%。调查对象的职业广泛，包括金融、IT、公务员、工人、老师、建筑师、工程师、医生、商人、学生等（图 7-7）。调查对象的年收入多数在于 50 万元以内，个别在 100 万元以上。

3. 数据整理与分析阶段

数据的整理依照大型复杂项目建筑策划的决策对象信息系统框架进行整理，分为决策对象中的定性分析对象、决策对象中的定性与定量分析对象、客观对象中的定性分析对象、客观对象中的定性与定量分析对象，共 4 大部分。

上海世博园后续建设研究　调查问卷

（上海世博婚庆产业园）

尊敬的女士/先生：

在浪漫的季节，是否曾想与您心爱的人步入新婚的殿堂？是否曾想在富有纪念意义的场所完成你们的婚礼？是否……，本次问卷调研就是为了帮助您实现美好婚礼的各种愿望。您的回答将直接影响我们的研究成果和城市的建设方向，真切地希望与您交流并得到您的宝贵意见！

您的信息：

贵姓：________ 性别：________ 职业：________________ 年龄：A. 20岁以下　B. 20~25岁　C. 25~30岁　D. 30~35　E. 35岁以上

家庭收入：A. 10万元以下　B. 10万~50万　C. 50万~100万　D. 100万~200万　E. 200万以上

婚姻状况：A. 已婚　B. 订婚　C. 热恋中　D. 单身寻找中　　居住状况：A. 上海本地居民　B. 暂时居住　C. 旅游　D.________

I. 决策因子 —— 定性与定量分析因子：

1. 您希望婚庆产业园提供哪些活动场所？

A. 相亲场所（相亲场馆、相亲平台、相亲节目外景拍摄点）
B. 约会及社交场所（主题特色餐厅、爱情主题旅馆、爱情剧场、酒吧、陶艺吧、KTV）
C. 求婚场所（特色求婚场所）
D. 婚前课堂（爱情学校、淑女课堂、美容健身）
E. 婚礼用品采购场所（婚礼用品超市、创意礼品工作室）
F. 婚礼仪式场所（特色婚礼婚宴场所、结婚仪式堂、洞房酒店）
G. 家庭建设场所（家居装潢、交换空间、家居饰品）
H. 亲子乐园（宝宝百日庆典、亲子游乐场、海底世界、创意作坊）
I. 爱情保鲜场所（生日纪念日party，周年庆典、认养鸽子树、爱情接力树、婚姻咨询）　J.____________

2. 您的婚礼准备邀请多少宾客呢？

A．100人以内　B．100~200人　C．200~300人　D．300~500人　E．500人以上

3. 请问您对婚礼的预计花费与看法是？

A. 10万以下（从简）　B. 10万~30万（节俭一些，省下来的钱可以日后使用）　C. 30万~100万（适度即可，不失体面但价钱要合理）
D. 100万~300万　F. 钱不是问题，只要效果好（应该办得尽量豪华，留下人生中的美好回忆）

4. 若为了社会的可持续发展而增加了建设造价，因而提高了消费价格，您是否能接受？

A. 提高5%以内可以接受　B. 提高5%~10%以内可以接受　C．提高10%~20%以内可以接受　D. 促使社会的可持续发展，消费价格不是问题

II. 决策因子 —— 定性分析因子：

5. 您想自己的婚礼以什么形式来操办？

A. 由婚庆公司一手操办　B. 请设计师设计，由婚庆公司做　C. 我出主意，由婚庆公司做　D. 全部由自己来设计　E.____________

6. 如果婚礼中有以下创意活动，你最喜欢哪个？请排序：

A. 攀登卢浦大桥顶　B. 乘坐热气球观看黄浦江景　C. 直升飞机空降婚礼　D. 潜艇酒会　E. 新人共栽爱情树　F. 逛庙会　G.____________

7. 您期待什么风格的婚礼？

A．中式传统婚礼（热闹、喜庆、怀旧）　B．西式传统婚礼（复古、优雅、华贵）　C. 中西合璧式婚礼（文化多元）

D. 创意与特色婚礼：

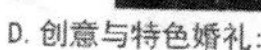

・热气球婚礼　・直升飞机婚礼　・游艇婚礼　・马车婚礼　・室外婚礼　・水中婚礼　・集体婚礼　・骑自行车婚礼

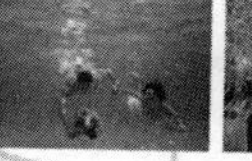

8. 对于婚庆产业园关于爱情剧场的形式您更喜欢的是？

A．传统戏台　B．类似百老汇的街边小剧场　C．正式的剧院　D．外广场　E．实景园林剧场　F.____________

图7-5　调查问卷（一）

9. 对于婚庆产业园餐饮酒吧等形式您更喜欢的是？

A. 一条街，每家店面风格都不同 B. 在一栋建筑内解决 C. 散点布置

10. 您是否愿意在一个大型的多品牌汇集婚庆用品超市，自己采购婚庆用品？

A. 十分愿意 B. 愿意 C. 可以考虑 D. 不愿意 E. 无所谓

11. 您会选择什么样的地方举行您的婚礼？

A. 市中心繁华区 B. 外滩周边 C. 上海世博江边 D. 里弄 E. 城郊风景园区 F. 游轮上 G. ____________

12. 您为什么选择这个地方？

A. 朋友方便到达 B. 很怀念上海老味道 C. 科技的，时尚的老灵啦 D. 很有生活气息 E. 风景优美 F. 奢华 G. ____________

13. 您希望世博婚庆产业园建筑物的形象是？

A. 展现未来的新建筑 B. 隐于自然的生态建筑 C. 体现中国文化的新建筑 D. 简洁大方现代建筑 E. 中国传统历史建筑 F. 西方古典建筑

14. 您希望在世博婚庆园中体验到哪些不同的文化？

A. 中国民族文化 B. 古希腊罗马文化 C. 欧美现代文化 D. 日韩文化 E. 阿拉伯文化 F. 东亚文化 G. 印度文化 H. ____________

15. 如果您选择中国民族文化，那么您希望体验到哪些中国民族文化？

A. 中国历史汉服风 B. 穿越式清宫风 C. 舌尖上中国文化 D. 民族的戏剧文化 E. 民族音乐 F. 书法、诗词、文化 G. 民间剪纸、社会民俗文化 H. 少数民族文化 I. 中医文化（针灸、药膳） J. 民族庆典（端午龙舟大赛等） K. 造船博物馆+海陆空军事互动游戏 M. 婚庆爱情与游艇体验等爱国文化的相结合 L. 中学为体，西学为用

16. 以下哪个词语会让您产生美好爱情的意象？

A. 天仙配 B. 鹊桥 C. 菁菁子矜 D. 在水一方 E. 所谓伊人 F. 执子之手 G. 心有灵犀 H. 梁祝 I. 凤求凰 J. 沉鱼落雁 K. 孔雀东南飞 L. 阿拉丁 M. 罗密欧与朱丽叶 N. 金婚 O. 高山流水

17. 您希望融入哪些上海元素？

A. 国际大都市 B. 时尚文化 C. 外滩历史文化 D. 里弄文化 E. 海纳百川文化 F. ____________

18. 您希望在哪个季节举行您的婚礼？

A. 春季 B. 夏季 C. 秋季 D. 冬季 E. ____________

III. 影响因子 —— 定性与定量分析因子：

19. 您参加过几次婚礼？

A. 5 次以下 B. 6 ~ 10 次 C. 10 次以上

20. 您预计结婚的时间是？

A. 暂无考虑 B. 3 年内 C. 5 年内 D. 今年内

IV. 影响因子 —— 定性分析因子：

21. 您对当今婚庆服务最不满意的地方是？

A. 性价比低 B. 形式风格单一 C. 服务差 D. 价格昂贵 E. ____________

22. 您认为提倡低碳节能，生态环保，营造可持续生活环境的责任在于？

A. 政府 B. 开发者与投资者 C. 使用者 D. ____________

23. 您对您的婚礼有什么特殊的要求、建议？

A. 准妈妈婚礼 B. 快速婚礼 C. 别致洞房（可自行设计） D. 室外大屏幕 LED 展示婚纱照 E. ____________

图 7-6 调查问卷（二）

图 7-7　现场调研

1）决策对象——定性与定量分析对象

相亲场所、约会与社交场所、求婚场所、婚前课堂、婚礼用品采购场所、婚礼仪式场所、爱情保鲜场所均有较高的需求，家庭建设场所与亲子乐园也有一定机构的需要。与中籍人士区别较大的是，外籍人士对相亲场所有明显的需求，同时对其他的场所也有较高的需要。世博婚庆产业园的目标是以婚礼与婚宴为主导，综合发展相关行业，方便服务于大众，同时又可在大范围内形成具有竞争力的婚庆产业园区（图 7-8）。

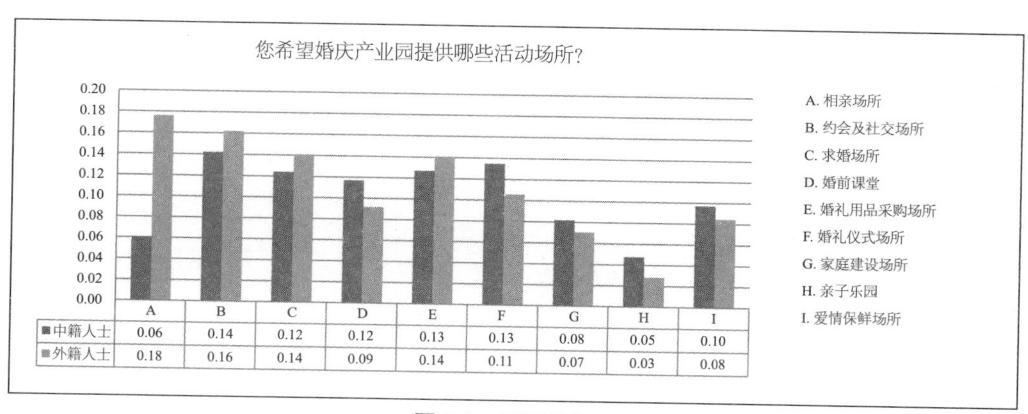

	A	B	C	D	E	F	G	H	I
■中籍人士	0.06	0.14	0.12	0.12	0.13	0.13	0.08	0.05	0.10
■外籍人士	0.18	0.16	0.14	0.09	0.14	0.11	0.07	0.03	0.08

图 7-8　调研分析 1

指标量化——世博婚庆园周边的小区及其容积率：

世博婚庆产业园周边代表性的用地平均容积率约为 3.4，绿化率主要在 30% ~ 35%。因此，基于周边的开发强度，以及共同的环境特征，婚庆产业园的容积率初步估算为 3.5，且绿化率不小于 30%（图 7-9）。

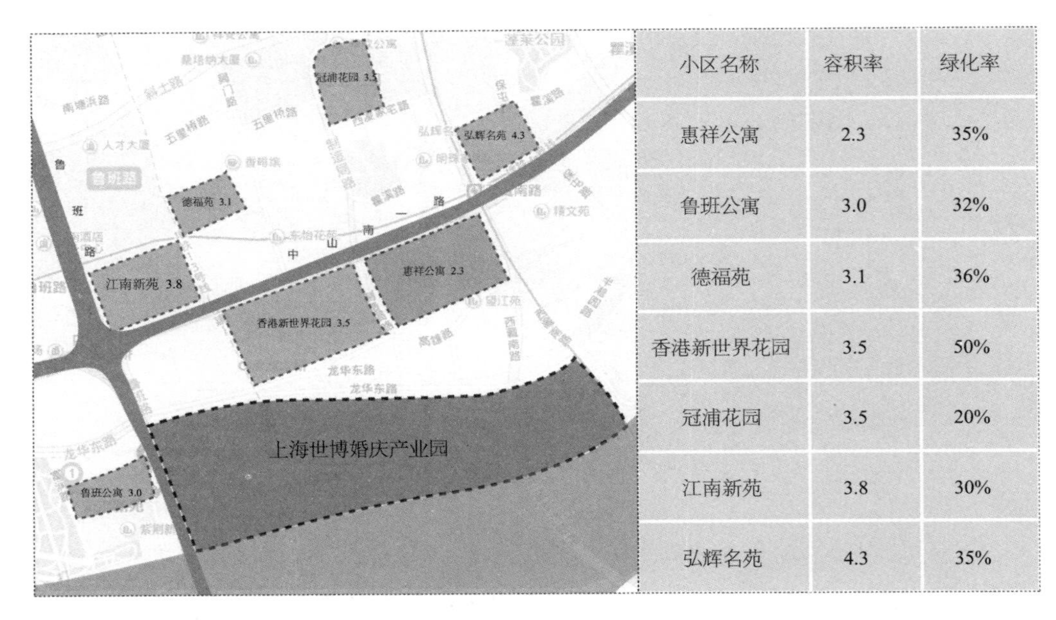

小区名称	容积率	绿化率
惠祥公寓	2.3	35%
鲁班公寓	3.0	32%
德福苑	3.1	36%
香港新世界花园	3.5	50%
冠浦花园	3.5	20%
江南新苑	3.8	30%
弘辉名苑	4.3	35%

图 7-9　调研分析 2

容积率按 3.5 计算，总用地面积约为 53.4hm^2，总建筑面积约为 186.9 万 m^2。根据问卷调研分析，各部分面积分配如图 7-10 所示。

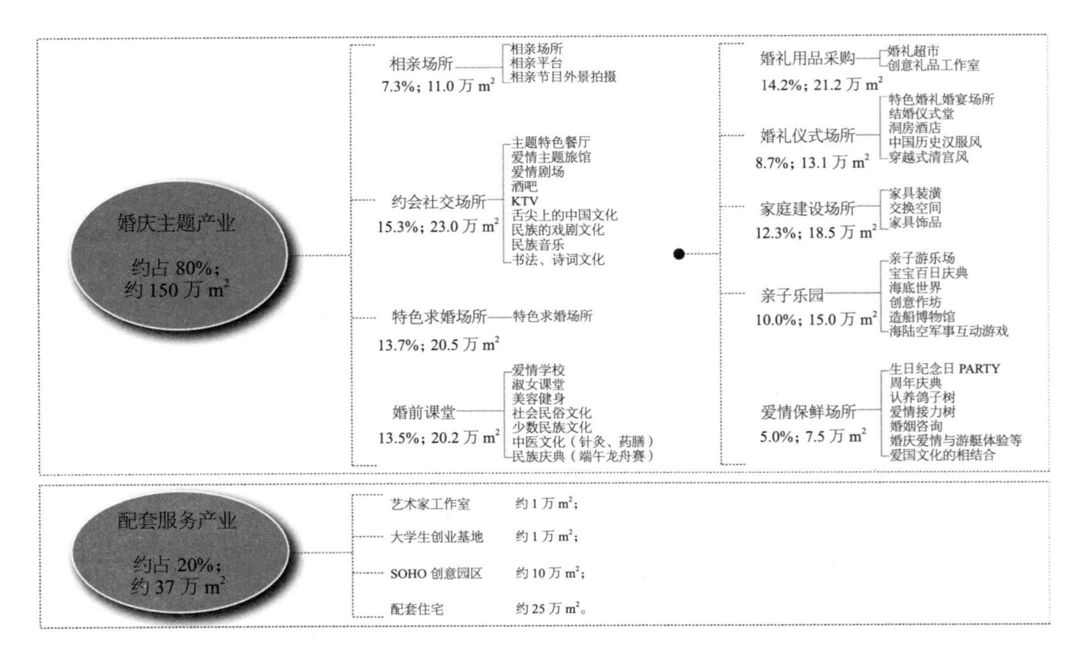

图 7-10　婚庆园面积指标策划

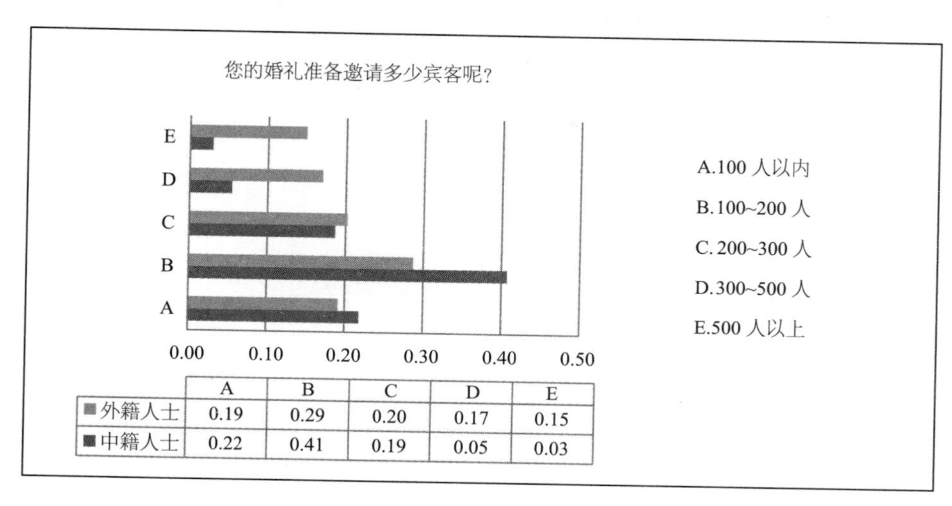

	A	B	C	D	E
外籍人士	0.19	0.29	0.20	0.17	0.15
中籍人士	0.22	0.41	0.19	0.05	0.03

图 7-11　调研分析 3

超过 40% 的被调查对象在他们的婚礼上将会宴请 100 ~ 200 位宾客，而宴请 100 位宾客与宴请 200 ~ 300 位宾客的各约占 20%（图 7-11）。中外籍人士情况相似。因此，宴会厅与婚礼堂的规模以容纳 100 ~ 200 人为主，还考虑 100 人以下及 200 人以上的宴会厅与婚礼堂的需求，并考虑空间的合并与分开灵活运用。

在婚礼的花费方面，将近 50% 的消费者认为婚礼的开销在 10 万 ~ 30 万元之间，20% 认为在 10 万元以下，约 30% 认为会在婚礼上花费 30 万以上。从中可看出，普通大众的婚礼花费在 30 万元以内。上海世博婚庆产业园面对的是普通大众，以大众的消费能力为基准，理应打造出功能齐全、品质高、服务范围广、消费水平适当的新一代婚庆产业园（图 7-12）。

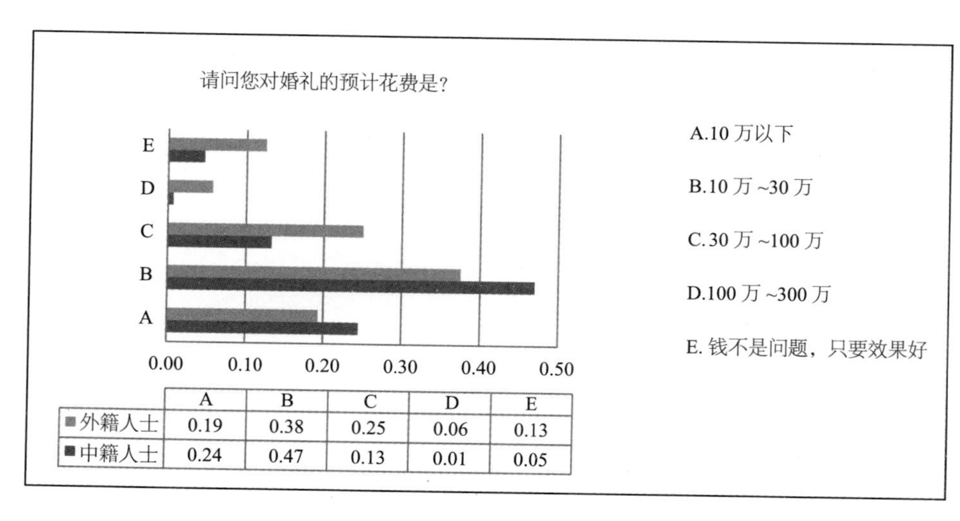

	A	B	C	D	E
外籍人士	0.19	0.38	0.25	0.06	0.13
中籍人士	0.24	0.47	0.13	0.01	0.05

图 7-12　调研分析 4

在消费者对可持续发展的态度调查中，绝大多数婚庆消费者愿意为了促进社会的可持续发展，而承担由此带来的相应费用。这一费用的可接受范围在原消费值的5% ~ 10%。而也有相当的外籍人士认为，只要促使社会的可持续发展，消费价格则不是问题。上述调查表明，普通大众均有较强的生态环保发展意识。在世博婚期产业园中营造良好的人居环境，有利于吸引消费人群（图7-13）。

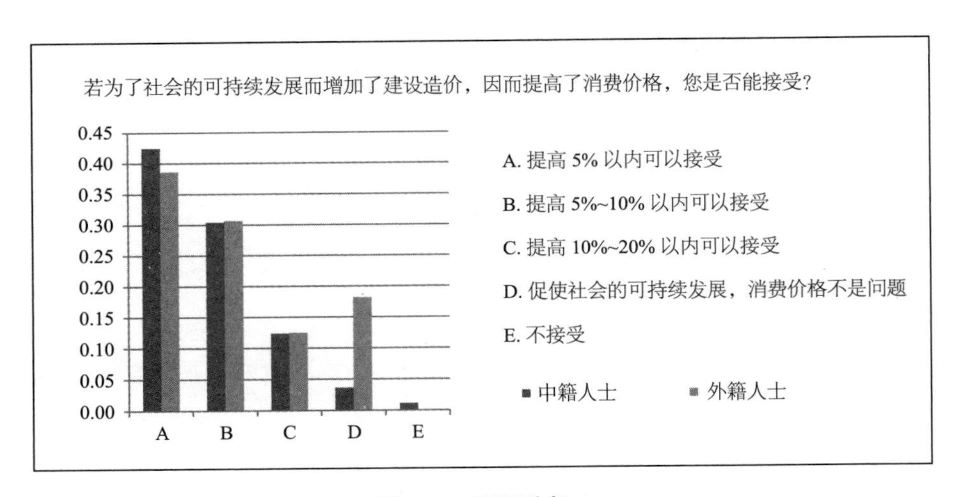

图 7-13　调研分析 5

2）决策对象——定性分析对象

调查表明一半左右的婚庆消费者希望参与到婚礼的筹划中，但由婚庆公司协助完成。因此，婚庆园的策划与设计除了涉及主要的婚礼与婚宴功能以外，更应考虑婚庆的“一条龙”综合配套服务需求（图7-14）。

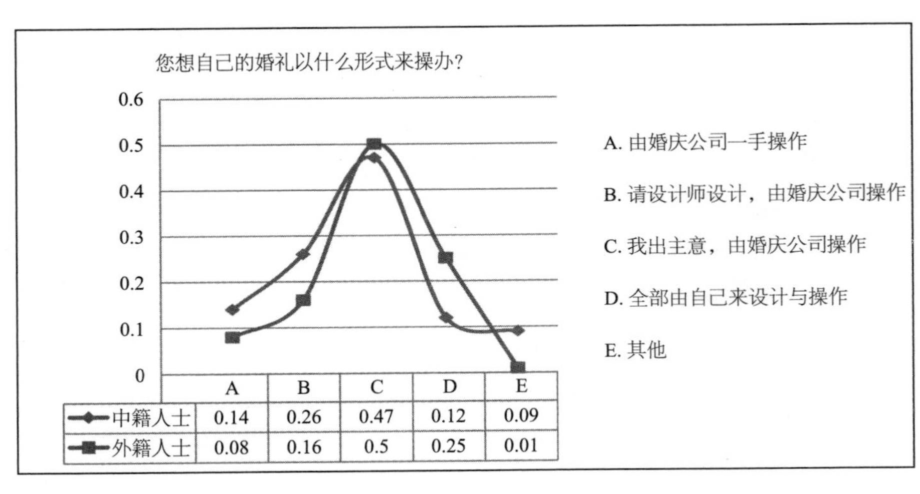

	A	B	C	D	E
中籍人士	0.14	0.26	0.47	0.12	0.09
外籍人士	0.08	0.16	0.5	0.25	0.01

图 7-14　调研分析 6

年轻的新人追求浪漫、新奇，希望在人生的重要阶段留下精彩的一笔。在创意婚礼活动调查中，超过一半的年轻人青睐于“乘坐气球观看黄浦江景”与“游艇酒会”，还有大约20%的准新人选择“直升机空降婚礼”。策划与设计时充分利用场地的资源与条件，提供多种婚庆活动，并满足“海陆空”等创新体验方式的婚庆活动需求（图 7-15）。

关于婚礼的方式与风格的选择，中外人士的偏好相似。其中热气球婚礼与西式传统婚礼较受追捧，而中西合璧式婚礼也较受欢迎。婚庆园的设计考虑多种婚礼形式使用的功能需求（图 7-16）。

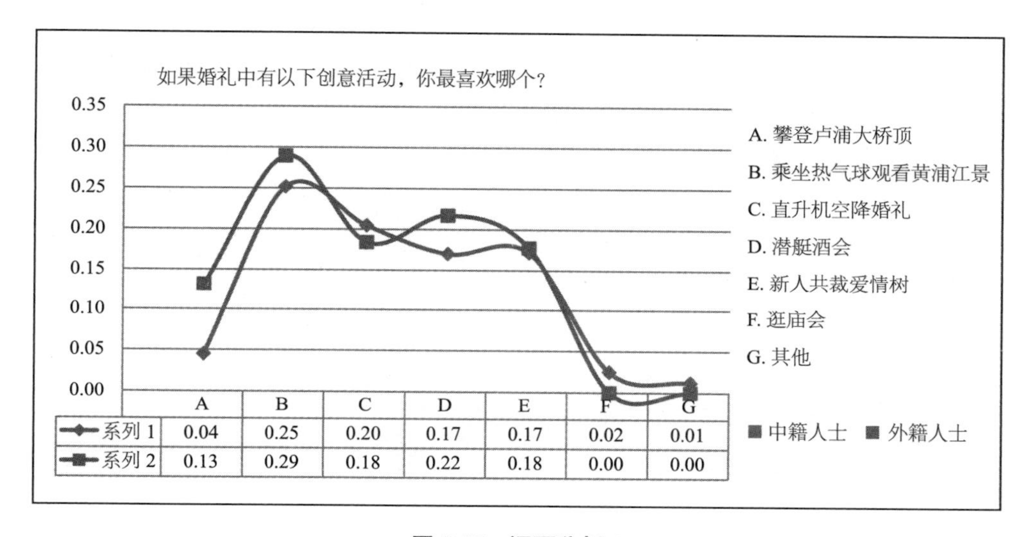

	A	B	C	D	E	F	G
系列 1	0.04	0.25	0.20	0.17	0.17	0.02	0.01
系列 2	0.13	0.29	0.18	0.22	0.18	0.00	0.00

图 7-15　调研分析 7

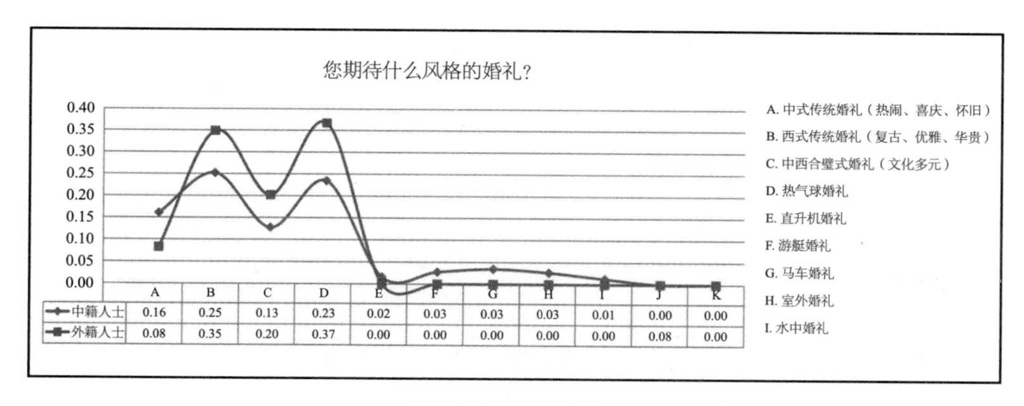

	A	B	C	D	E	F	G	H	I	J	K
中籍人士	0.16	0.25	0.13	0.23	0.02	0.03	0.03	0.03	0.01	0.00	0.00
外籍人士	0.08	0.35	0.20	0.37	0.00	0.00	0.00	0.00	0.00	0.08	0.00

图 7-16　调研分析 8

对于婚庆产业园中爱情剧场的形式，中籍消费者倾向于实景园林式的剧场与百老汇式的街边小剧场；而外籍消费者倾向于实景园林式剧场（如传统的昆曲）与外广场式剧场。婚庆产业园爱情主题剧场以非正式的剧院形式出现，融合到婚庆体验过程。婚庆产业园爱情主题剧场的设计，应当充分利用各种场地条件，有效布置各种并贯穿到整个园区当中。同时，也可考虑部分正式剧场的使用需求（图 7–17）。

美国百老汇（Broadway）原意为“宽阔的街”，位于纽约市曼哈顿岛，是一条全长 25km 的一条长街，沿街布置着大大小小的各类剧院。百老汇发展至今，已由最早的内百老汇发展成内百老汇（44 街至 53 街）、外百老汇（41 街和 56 街）、外外百老汇。美国百老汇的特点是，剧场沿主干大街或各支路的两侧布置，形成聚集人气的爱情主题艺术体验片区（图 7–18）。

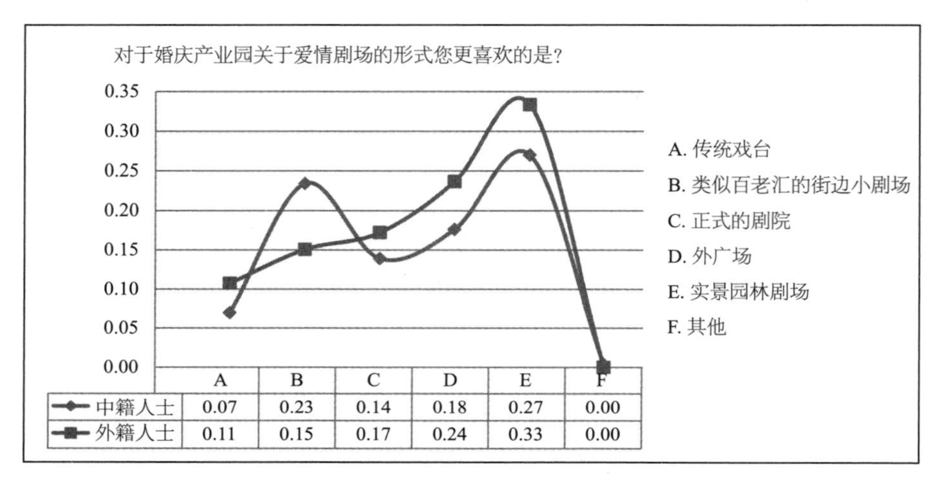

	A	B	C	D	E	F
中籍人士	0.07	0.23	0.14	0.18	0.27	0.00
外籍人士	0.11	0.15	0.17	0.24	0.33	0.00

图 7-17　调研分析 9

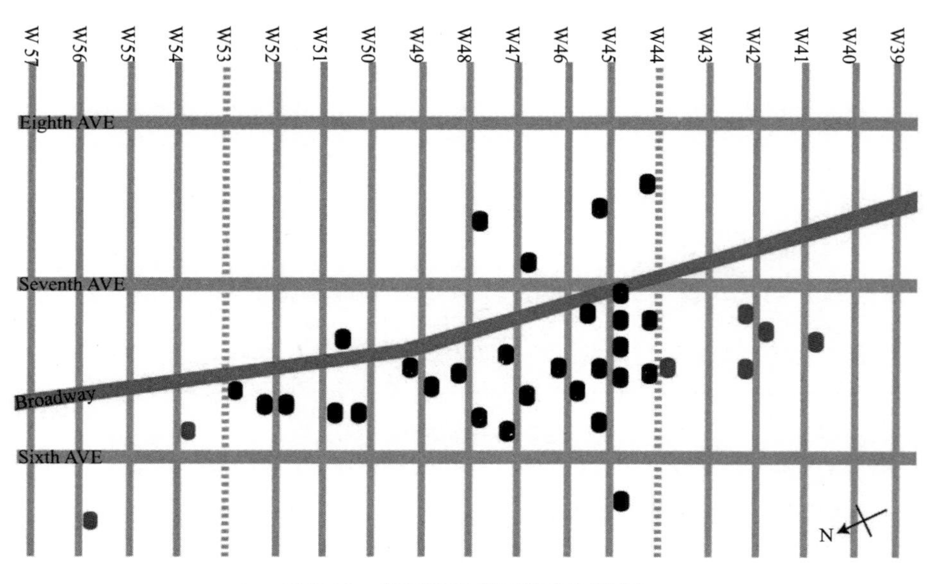

图 7-18　美国百老汇剧院布局简图

关于酒吧的体验方式，更多的消费者倾向于连续的酒吧街形式，在一街道上设置有不同风格的酒吧，产生不可预知而丰富的体验。婚庆产业园中的酒吧街以婚庆主题为主，其设置有利于聚集与带动人气，完善婚庆产业园的配套服务功能（图 7-19）。

有 60% 以上的婚庆消费者考虑到婚庆用品超市采购相关用品，其中的三成则明确表示愿意到该场所消费。世博婚庆园根据需要，可考虑设置婚庆用品超市，甚至可考虑配套有相应的小型服务综合体（图 7-20）。

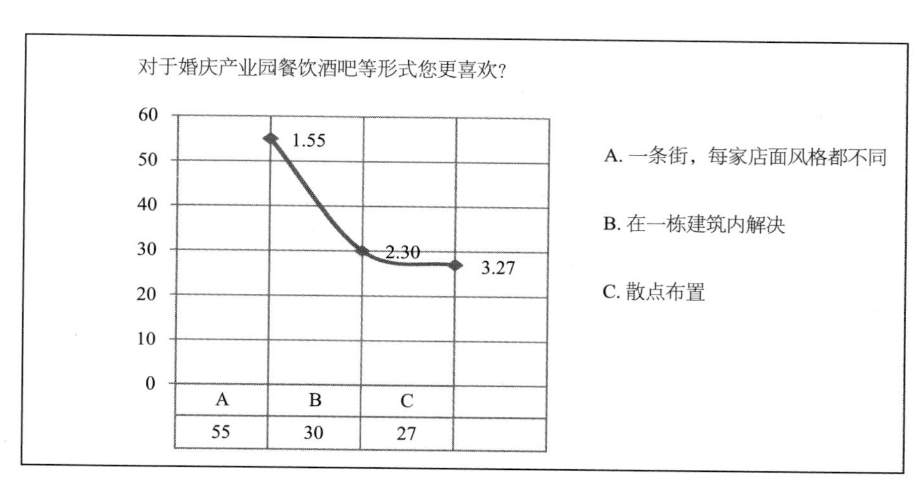

图 7-19　调研分析 10

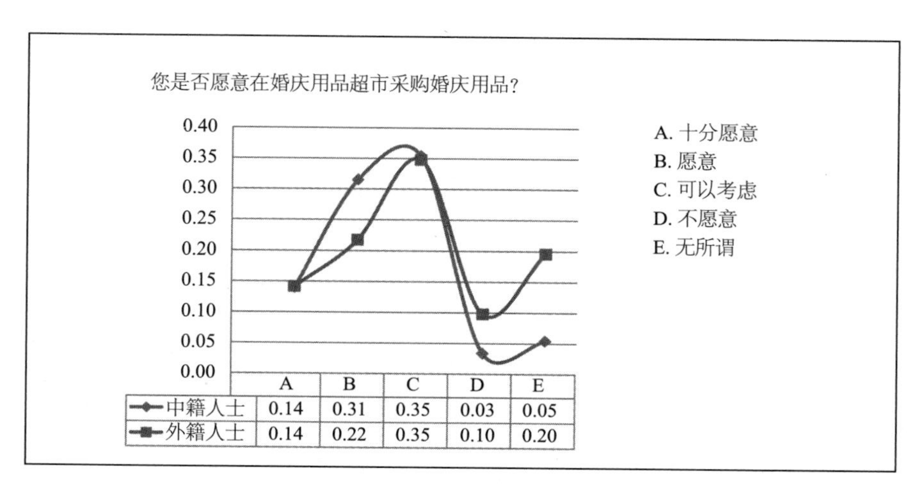

图 7-20　调研分析 11

长期拥挤的城市生活环境，加强了大众对自然环境的向往。调查表明，大部分中外籍婚庆消费者愿意到城郊风景区举行自己的婚礼；有也一部分被调查对象愿意到繁华的市中心区、外滩周边、油轮（图 7-21）。

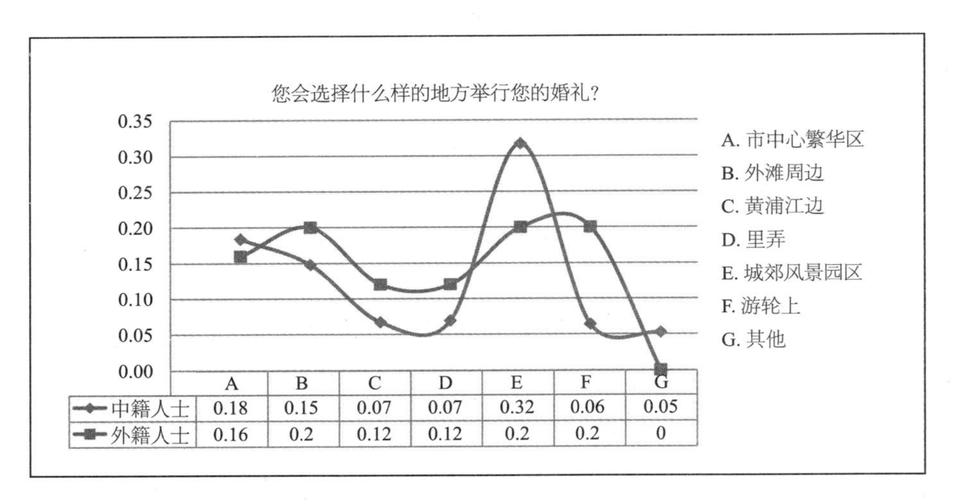

	A	B	C	D	E	F	G
中籍人士	0.18	0.15	0.07	0.07	0.32	0.06	0.05
外籍人士	0.16	0.2	0.12	0.12	0.2	0.2	0

图 7-21　调研分析 12

风景优美是中外消费者选择婚庆场所的优先考虑的因素，其他影响因素有如朋友方便到达、有生活气息、老上海生活味道、时尚现代等。上述两项调查表明，优美的环境有利于吸引消费者，符合时代的生活消费需求（图 7-22）。

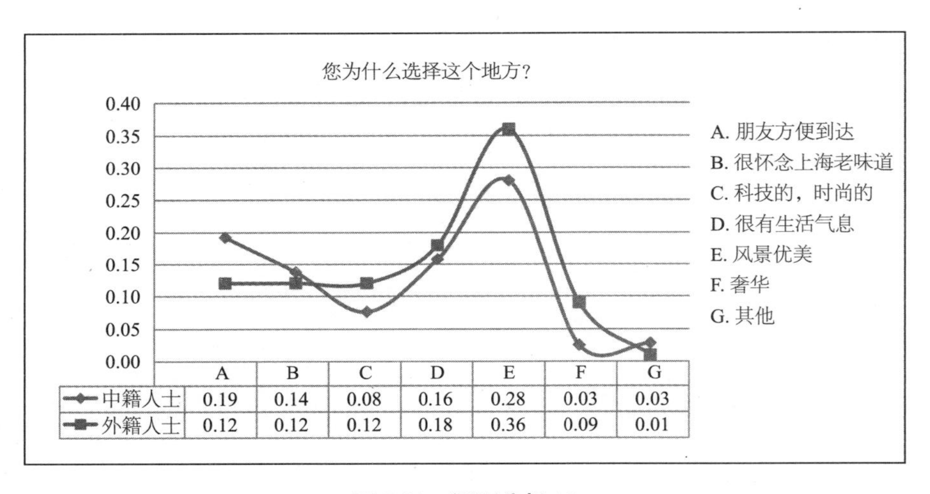

	A	B	C	D	E	F	G
中籍人士	0.19	0.14	0.08	0.16	0.28	0.03	0.03
外籍人士	0.12	0.12	0.12	0.18	0.36	0.09	0.01

图 7-22　调研分析 13

世博婚庆园位于黄浦江边的上海世博园区内，整个园区与建筑所呈现的形象极其重要。调查显示，多数的中籍消费者对婚庆园的形象倾向于“隐于自然的生态建筑”。外籍人士也表现出相似的偏好，希望世博婚庆园与建筑物的形象是简洁大方与隐于自然的生态形象。世博婚庆产业园的策划与规划设计，根据国家对生态节能建筑的标准与时代生态可持续发展的新要求，同时顾及普通大众的心理偏好，努力营造出生态的宜居环境（图 7-23）。

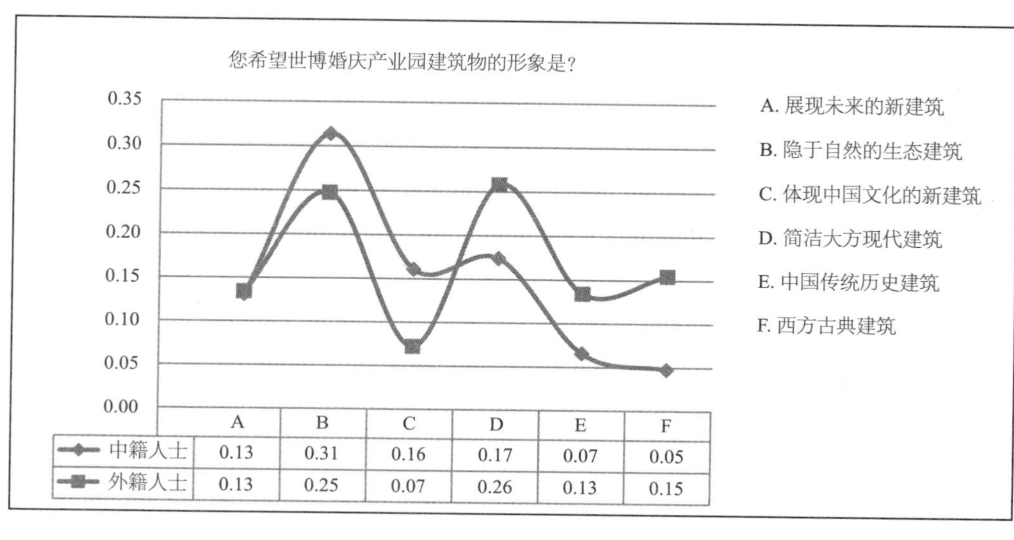

	A	B	C	D	E	F
中籍人士	0.13	0.31	0.16	0.17	0.07	0.05
外籍人士	0.13	0.25	0.07	0.26	0.13	0.15

图 7-23　调研分析 14

在各国婚庆文化的偏好调查中，中外籍人士的倾向大致相似。其中最受欢迎的是中华民族文化与欧美现代文化，古希腊罗马文化也比较受欢迎。其他国家与地区的文化也受到一定程度的喜爱。上海世博婚庆产业园以地域性文化为主导，兼容其他外来文化，体现文化的交融与多样性，提供丰富的文化体验，打造强有力的婚庆文化产业园（图 7-24 ~ 图 7-26）。

中国婚庆文化源远流长，当代婚礼婚庆以婚庆文化为主导，同时还带动其他传统文化的体验与消费。在对消费者希望在婚礼上体验到的传统文化调查中，多数被调查对象希望能体验到中国历史汉服、舌尖上的中国和穿越式清宫风文化，其他的民族音乐、书

图 7-24　建筑单体的意象

（来源：摘自调查问卷）

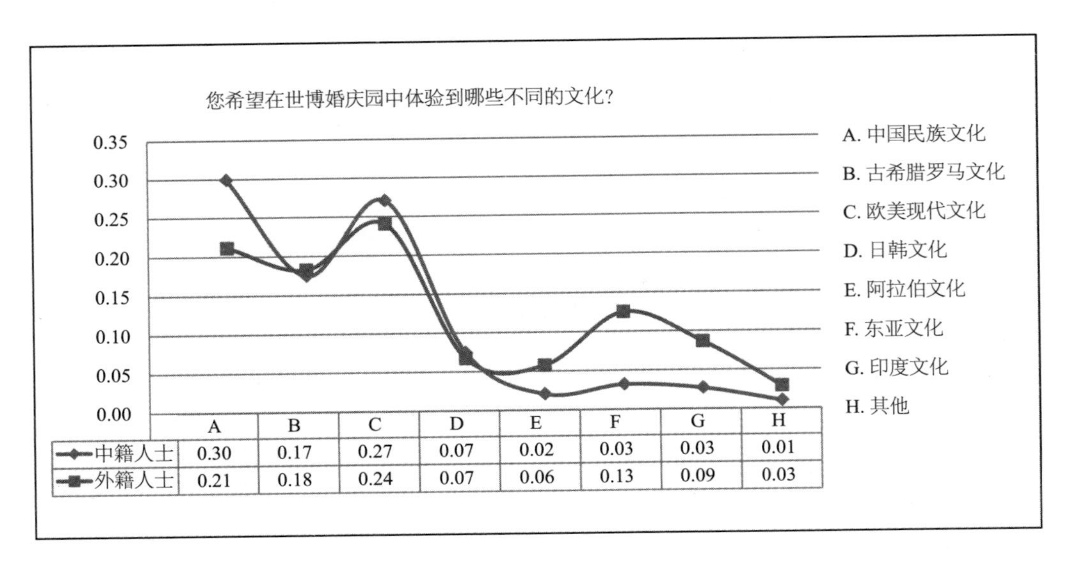

	A	B	C	D	E	F	G	H
中籍人士	0.30	0.17	0.27	0.07	0.02	0.03	0.03	0.01
外籍人士	0.21	0.18	0.24	0.07	0.06	0.13	0.09	0.03

图 7-25　调研分析 15

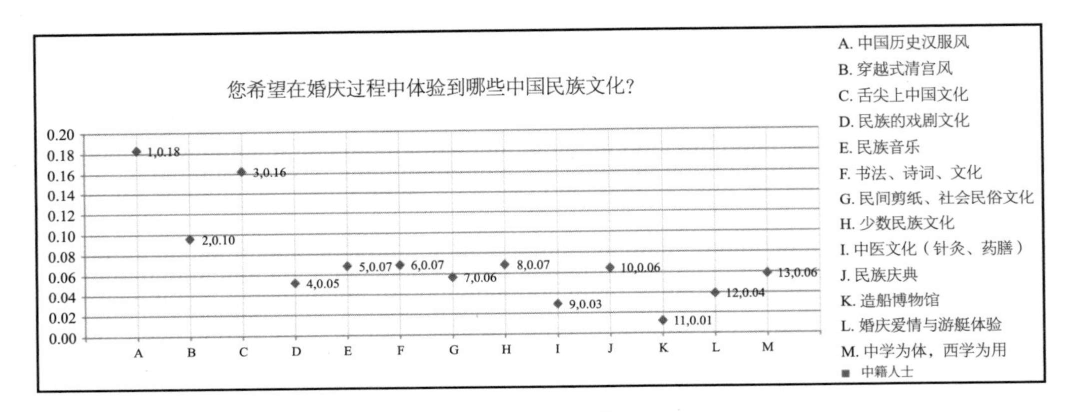

图 7-26　调研分析 16

法、诗词、少数民族文化、民间剪纸、民族戏剧、中医养生等文化也有较多的消费需求。婚庆产业园除了考虑婚庆文化的多样性体验以外，还相应的配套以婚庆主题为主的其他文化。同时，除了具有中国优秀文化的体验，还考虑兼容国际上其他国家的优秀文化，做到兼容并蓄，海纳百川，弘扬与延续中国的历史文化，又吸收外来文化，为我所用，不断发展。复兴民族文化为体，海纳多元文化为用（图 7-27）。

中国古代素有“牌匾”文化，其通过引用成语典故、神话传说、诗词字句等方式，用以寄托某种情感或意境，具有画龙点睛的重要作用。婚礼是一庄喜庆而浪漫的终身大事，婚庆产业园的设计除了满足基本的使用功能需求，还应营造相应的意境与文化内涵。在关于让人产生美好爱情意象的典故或词语调查中，“执子之手”明显高于其他词语，而心有灵犀、在水一方、天仙配、菁菁子衿等次之。婚庆产业园的营造考虑大众对传统文化的精神消费需求（图 7-28）。

中华民族文化：

A. 中国历史汉服风

B. 穿越式清宫风

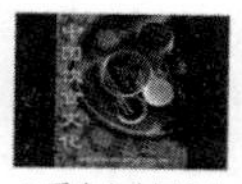
C. 舌尖上中国文化

D. 民族的戏剧文化

E. 民族音乐

F. 书法、诗词、文化

G. 社会民俗文化

I. 中医文化（针灸、药膳）

J. 民族庆典（端午龙舟大赛等）

K. 造船博物馆＋海陆空军事互动游戏

M. 婚庆爱情与游艇体验等爱国文化的相结合

其他民族文化：

A. 古希腊罗马文化

B. 欧美现代文化

C. 日韩文化

D. 阿拉伯文化

E. 印度文化

F. 拉丁美洲文化

G. 非洲文化

图 7-27　多样的中华民族文化

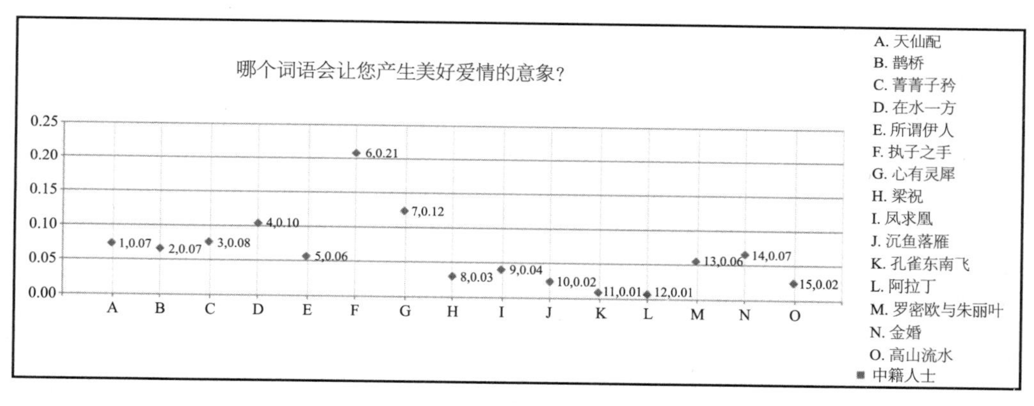

图 7-28　调研分析 17

上海文化以“海纳百川”的海派文化著称，其特点是宽泛的包容性。关于在上海世博婚庆园中融入何种文化，中外籍人士的选择倾向略为不同。中籍人士偏向于时尚文化，兼顾国际大都市文化与外滩历史文化；而外籍人士青睐于外滩历史文化与国际大都市文化，同时兼顾时尚文化与里弄文化。世博婚庆产业园的策划、规划与设计考虑各种文化特征的融合（图 7-29）。

关于婚礼的季节时间性，中籍人士偏向于秋季，春、夏季次之；而外籍人士偏爱于春季，秋、夏季次之，较少人选择在冬季举行婚礼。婚庆本身具有明显的时间性与季节性，因此，婚庆产业园的功能策划与规划设计，考虑功能场所的长年充分利用，即满足旺季的需求，又能在淡季正常运营（图 7-30）。

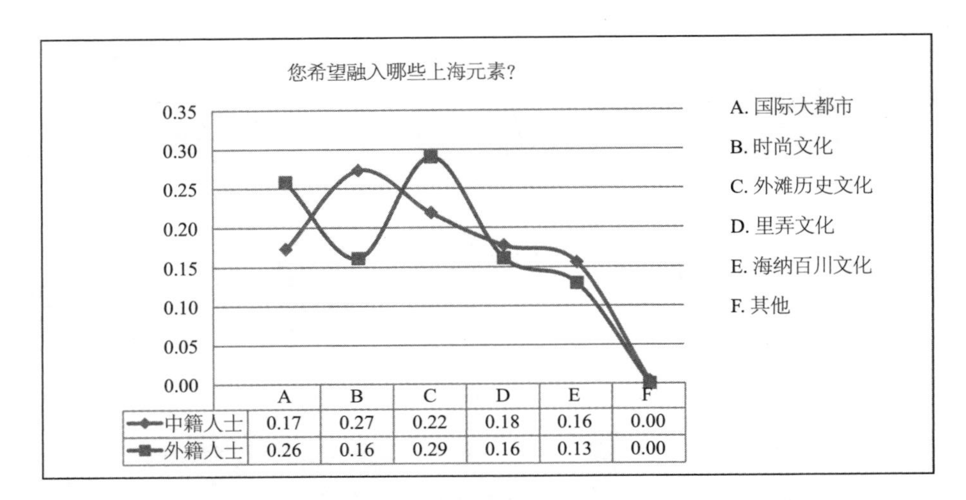

	A	B	C	D	E	F
中籍人士	0.17	0.27	0.22	0.18	0.16	0.00
外籍人士	0.26	0.16	0.29	0.16	0.13	0.00

图 7-29　调研分析 18

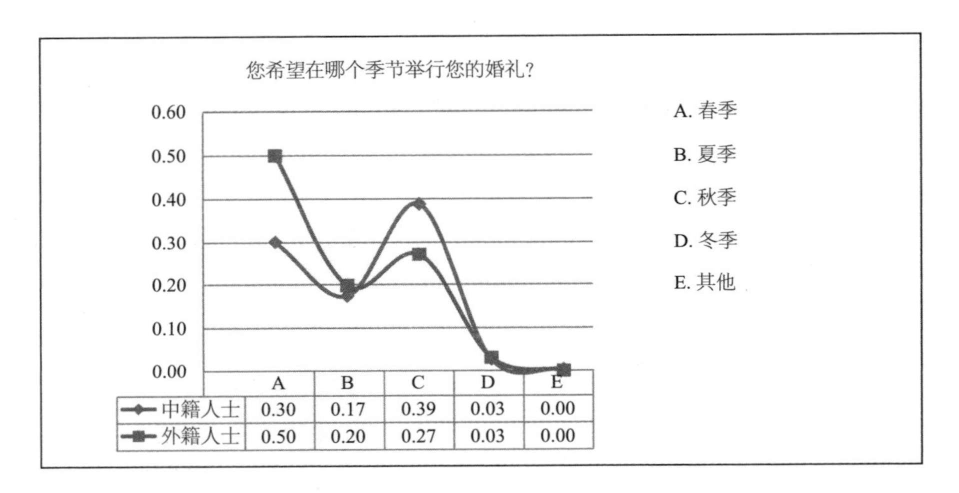

	A	B	C	D	E
中籍人士	0.30	0.17	0.39	0.03	0.00
外籍人士	0.50	0.20	0.27	0.03	0.00

图 7-30　调研分析 19

除了常规的婚礼活动以外，有大量的新人希望自己能亲手布置新婚洞房；还希望有室外大LED屏幕展示婚纱照。在特殊需求中，准妈妈婚礼与快速婚礼也有一定量的需求。在这一项调查中，中外籍人士的需求倾向相似（图7-31）。

3）客观对象——定性与定量分析对象

在被调查对象中，50%左右参加过5次以上婚礼，其中的三成参加过10次以上。这表明，本次的调查对象在婚庆方面有一定的实际经验。其反馈建议与需求具有一定的参考价值（图7-32）。

在本次的被调查对象中，有超过50%的考虑在三五年内结婚，另外10%左右考虑今年结婚，还有四成暂无考虑。婚庆行业是一项朝阳产业，随着经济的发展与大众收入的提高，婚庆产业的发展前景不可估量（图7-33）。

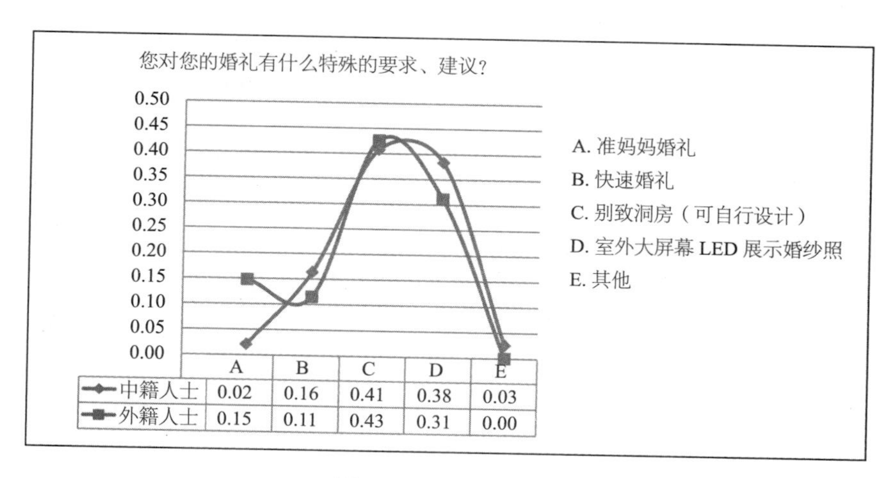

图 7-31　**调研分析 20**

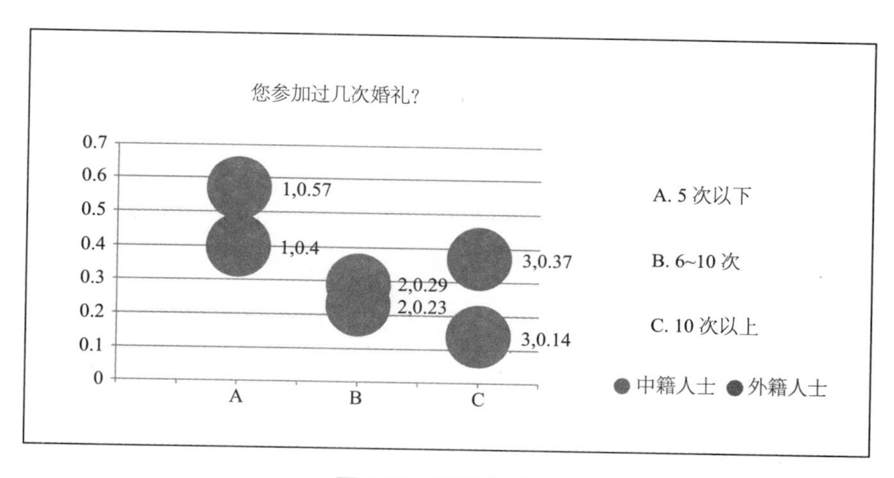

图 7-32　**调研分析 21**

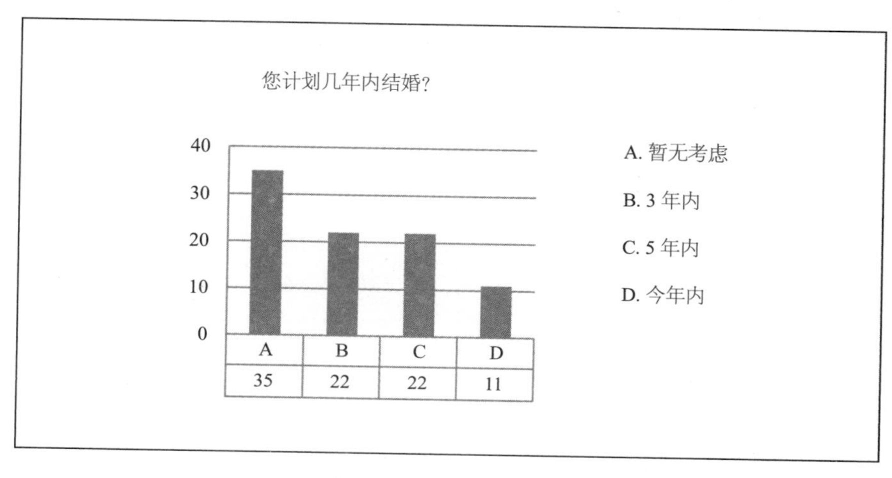

图 7-33　**调研分析 22**

4）客观对象——定性分析对象

在关于现有婚庆服务的调查中，约 40% 的被调查对象认为当前的婚庆服务形式风格单一，内容千篇一律，缺乏新意；而且价格还昂贵，性价比低。世博婚庆产业园位于充满创意与活力的上海，并处于黄浦江边的上海世博园中，理应体现与时俱进的精神，营造出新科技引领的生态人居与新奇体验的婚庆场所（图 7-34）。

建筑的生态节能环保与可持续发展，是时代发展的必然要求。本次的被调查对象认为各主体均负有节能环保的责任，其中开发者与投资者约占 40%，而政府与使用者则也分别约占有 30% 的责任。因此，婚庆产业园的建设应体现生态可持续原则，同时运营过程低碳节能，减少能源损耗（图 7-35）。

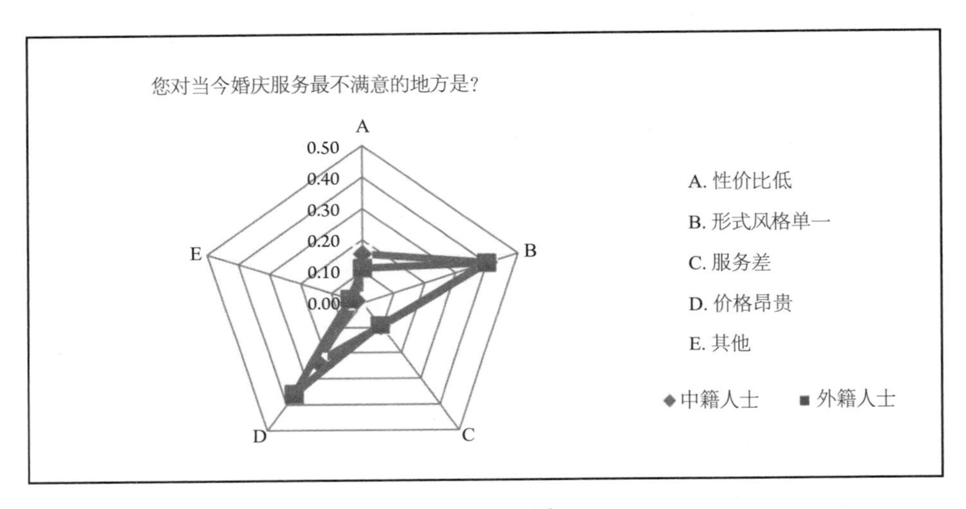

图 7-34　调研分析 23

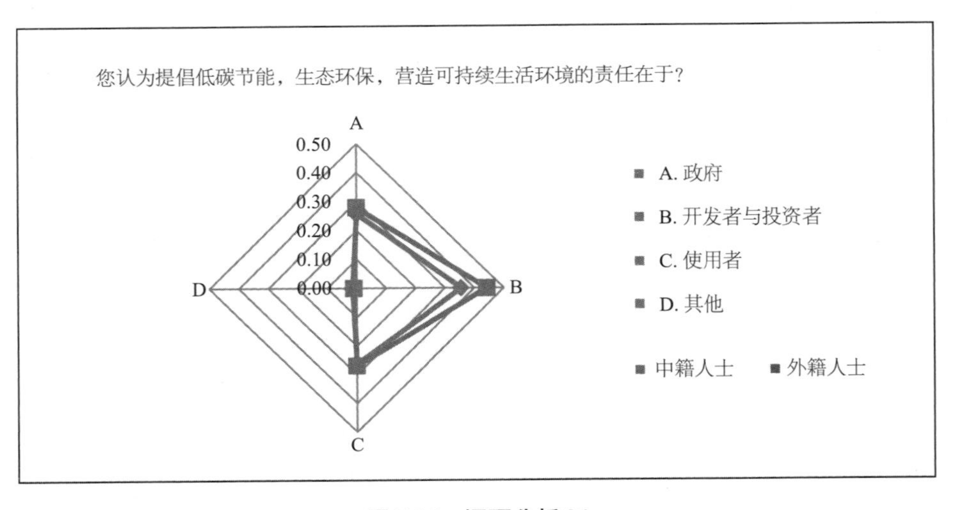

图 7-35　调研分析 24

4. 策划结论

通过前期资料收集、问卷调研等，对婚庆产业园的客观对象与需要决策对象进行了定性、定量的分析（图 7-36）。

功能方面的需求：营造一个以婚庆功能为主的、配套服务功能综合全面及体验丰富的婚庆产业园。

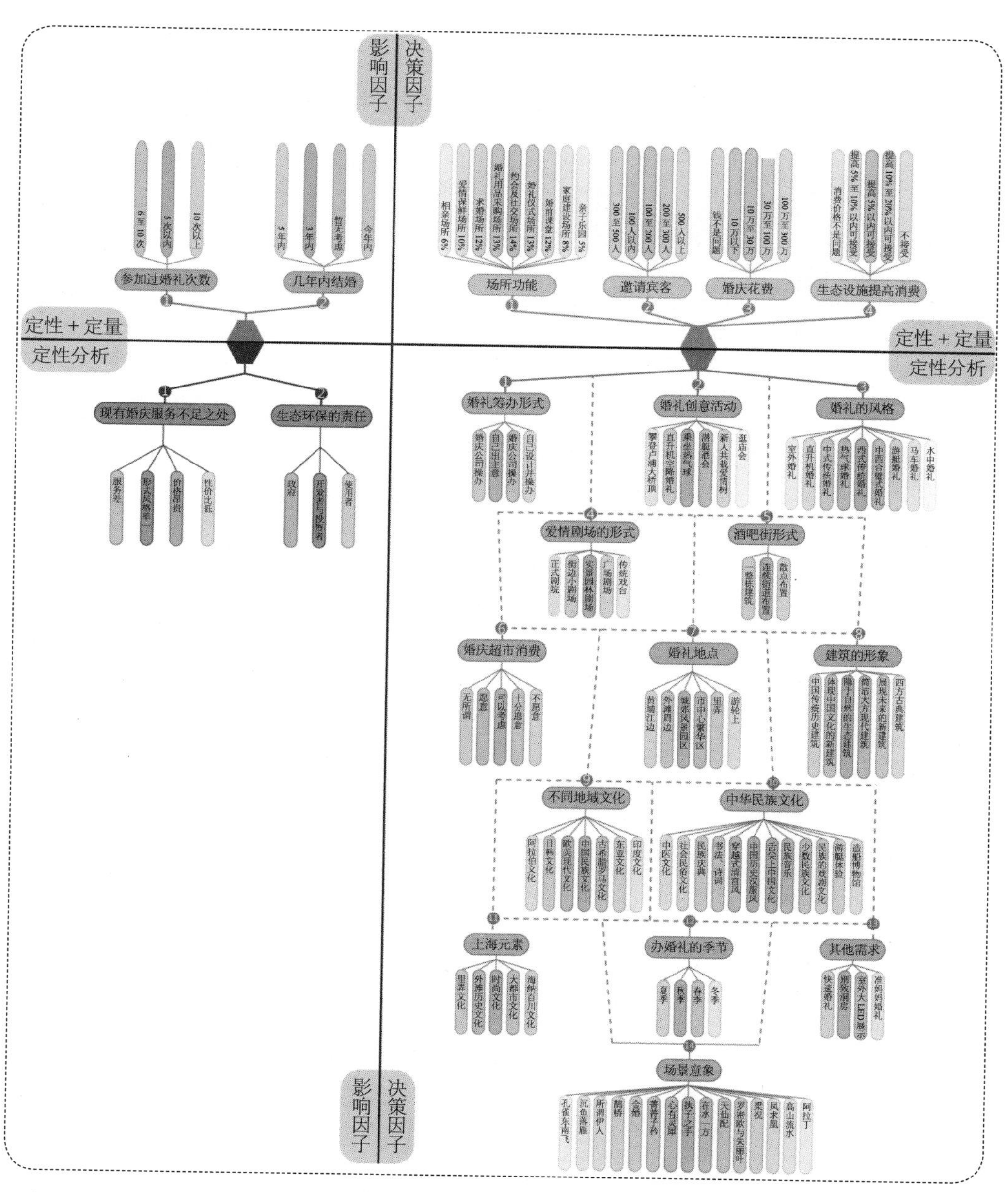

图 7-36　大型复杂项目（上海世博婚庆产业园）策划对象信息归纳整理

婚庆产业园场所功能的综合性，包括约会与社交场所、婚礼用品采购场所、婚礼仪式场所、求婚场所、婚前课堂、爱情保鲜场所、家庭建设场所、相亲场所、亲子乐园等。除此而外，还有相关配套服务功能，如婚庆主题酒吧、爱情主题剧场、婚庆用品超市、创意工作坊、配套酒店等服务功能。

婚礼体验的多样性则包括乘坐气球观看江景、游艇酒会、直升机空降婚礼等海陆空婚庆体验方式。

形式方面的需求：以自然因素为主的、体现时代精神的生态新建筑。

前面的调查表明，随着时代审美与观念的变迁，多数的婚庆消费者希望到风景优美地区举行婚礼。对于婚庆园及其中建筑物的形象，则倾向于隐于自然的生态建筑与简洁大方的现代建筑；然而对于中外古典建筑的偏好不高。

时间方面的需求：分期建设，率先建设利于聚集人气的业态，逐步形成婚庆产业园区（图 7-37 ~图 7-39）。

经济方面的需求：考虑普通大众婚庆消费的经济水平。

在婚礼的花费方面，将近 50% 的消费者认为婚礼的开销在 10 万 ~ 30 万元，20% 认为在 10 万元以下，约 30% 认为会在婚礼上花费 30 万以上。由此可见，现阶段大众的婚庆消费水平在 10 万 ~ 30 万元。上海世博婚庆产业园面对的是普通大众，以大众的消费能力为基准，理应打造出功能齐全、品质高、服务范围广、消费水平适当的新一代婚庆产业园。

生态方面的需求：婚庆产业园的规划设计应体现低碳节能、可持续发展的理念。

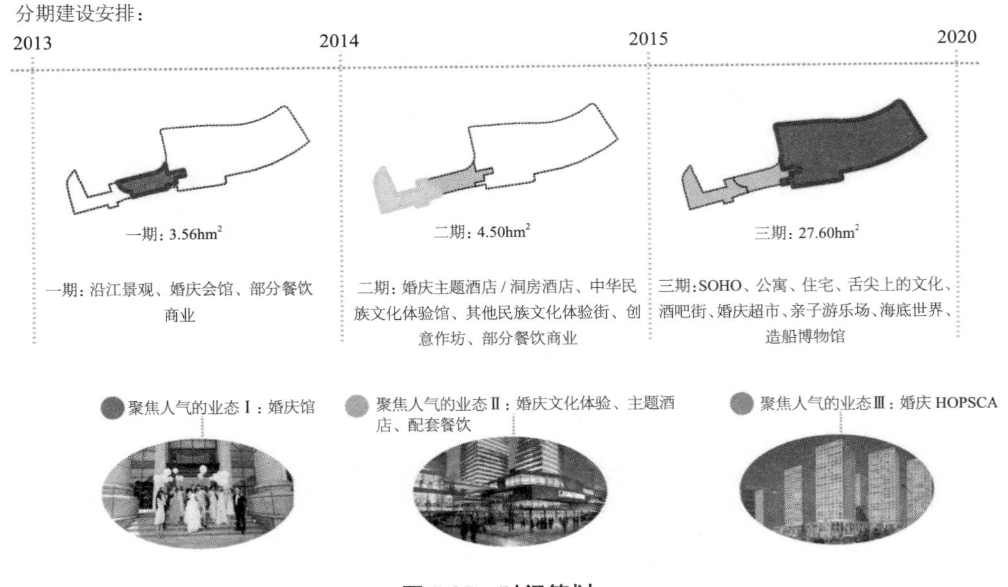

图 7-37　时间策划

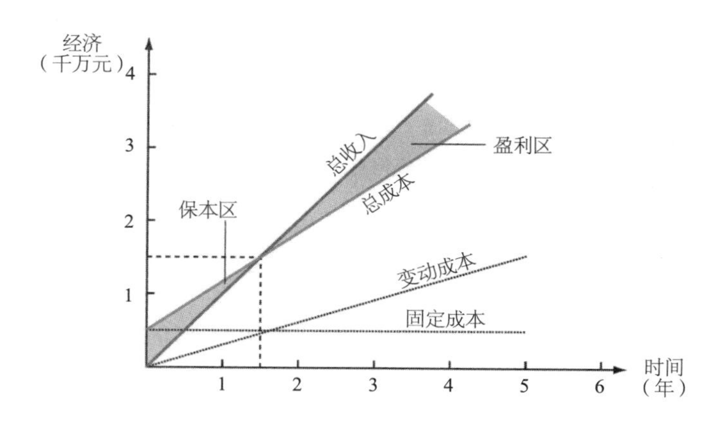

图 7-38 时间－经济关系图

同济大学建筑设计研究院（集团）有限公司

上海世博婚庆产业园项目 计划表

编号	项目阶段		过程持续时间（工作日）	M1	M2	M3	M4	M5	M6	M7	M8	M9	M10	M11	M12	1yearlater
1	双方签订项目合作协议	双方签订项目合作协议	1工作日													
2	前期策划（25工作日）	初步研究，搜集资料，会议讨论	10工作日													
3		成果总结（功能，经济，时间）	10工作日													
4		策划汇报	5工作日													
5	总体规划（25工作日）	总平面设计	5工作日													
6		准备基础的设计资料文件	3工作日													
7		设计回顾总结	2工作日													
8		修正设计	5工作日													
9		准备概念设计汇报	5工作日													
10		概念设计汇报	5工作日													
11	建筑及景观方案设计（20工作日）	平面设计	5工作日													
12		准备基础的设计资料文件	2工作日													
13		设计回顾总结	3工作日													
14		修正设计	5工作日													
15		准备概念设计汇报	10工作日													
16		概念设计汇报	5工作日													
17	建筑及景观方案扩初（45工作日）		45工作日													
18	建筑及景观方案施工图（45工作日）		45工作日													
19	施工招标（7工作日）		7工作日													
20	施工建设（365工作日）		366工作日													
21	竣工运营（7工作日）		7工作日													
22	投入运营（20工作日）		20工作日													

图 7-39 时间进度表

随着社会的发展，建筑的生态节能环保，是时代的必然要求。被调查对象表示开发投资者、政府、消费者等主体都负有相当的责任。同时，大多数婚庆消费者愿意为了促进社会的可持续发展，而承担相关的潜在费用。因此，婚庆产业园的建设应体现生态可持续原则，营造良好的人居环境，有利于吸引消费人群。

文化方面的需求：复兴民族文化为体，海纳多元文化为用。

在社会全球化的背景下，文化的交流日益频繁。婚庆文化在不同的地域与国家亦呈多样性。根据调研显示，最受欢迎的是中华民族文化与欧美现代文化，古希腊罗马文化也比较受欢迎，其他国家与地区的文化也受到一定程度的喜爱。中华文化中，汉服文化、饮食文化、民族音乐、书法、诗词、少数民族文化、民间剪纸、民族戏剧、中医养生等都普遍受到欢迎。上海世博婚庆产业园以地域性文化为主导，兼容其他外来文化，体现文化的交融与多样性，提供丰富的文化体验，打造强有力的婚庆文化产业园（表 7-1）。

策划问题陈述　　表7-1

内容	策划问题陈述
功能方面的需求	营造一个以婚庆功能为主的、配套服务功能综合全面的婚庆产业园
形式方面的需求	以自然因素为主的、体现时代精神的生态新建筑
时间方面的需求	分期建设，率先建设利于聚集人气的业态，逐步形成婚庆产业园区
经济方面的需求	考虑普通大众婚庆消费的经济水平
生态方面的需求	婚庆产业园的规划设计应体现低碳节能、可持续发展的理念
文化方面的需求	复兴民族文化为体，海纳多元文化为用

5. 设计导则的制定设计导则详见附录 A。

7.6.2　重庆交通大学新校区

重庆交通大学新校区项目正处于建设过程中，该项目作为连续性实验，通过“群决策”模型进行建筑策划工作，并在工程建设期间同步与实证统计数据比较，不断修正并验证模型的推理。重庆交通大学新校区面积约 40km^2，是重庆交通大学位于重庆市江津区双福新区的新校区，地处重庆市二环以内，重庆交通大学于 2008 年启动了新校区的筹划工作，2010 年开始分 3 期进行建设。项目负责人涂慧君为重庆交通大学新校区建设项目主持人之一，负责前期策划及概念规划与设计工作。在项目的一期建设过程中，项目负责人组织课题组成员运用已建立的大型复杂项目建筑策划“群决策”模型预测建筑策划工作，在问卷调查阶段，由于经济、时间和能力限制，结合网络和现场分发调查问卷的方式，课题组总共发出问卷 800 份，成功回收 733 份，有效问卷 923 份，有效率达到 90% 以上，问卷调查的发放收集了建筑策划对象的相关信息，使用功能、建筑形象、文化体验、生态环境等等，整理得到的数据，运用群决策模型得出建筑策划结论，将得到的建筑策划结论与工程建设过程中的同步实证统计数据进行比较，数据基本对应，从而验证了模型的有效性和可行性，并运用群决策模型在项目一期建设过程中进行信息收集、信息处理以及方案评价，从而对设计进行了调整，促使产生更优的方案（图 7-40、图 7-41）。

7.6.3　上海虹桥交通枢纽

上海虹桥交通枢纽项目已经建成并且投入使用，该项目作为评估性实验，比较仿真运行数据和历史实证数据，修正并验证模型的推理。上海虹桥综合交通枢纽，是现有的全球最大的综合客运中心，是集航空港、高速铁路、城际和城市轨道交通、长途巴士、公共交通、出租车于一体，各部分紧密衔接的国际一流的现代化大型综合交通枢纽（图 7-42、图 7-43）。

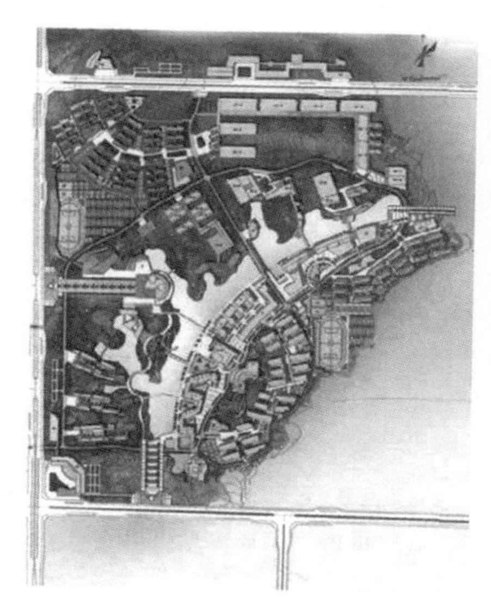

图 7-40　重庆交通大学双福校区规划实施总平面图

（来源：重交大新校区项目组）

图 7-41　重庆交通大学双福校区现状图

（来源：GOOGLE EARTH）

图 7-42　上海虹桥综合交通枢纽

来源：http：baike.baidu.com/subview/2599343/2599343.htm

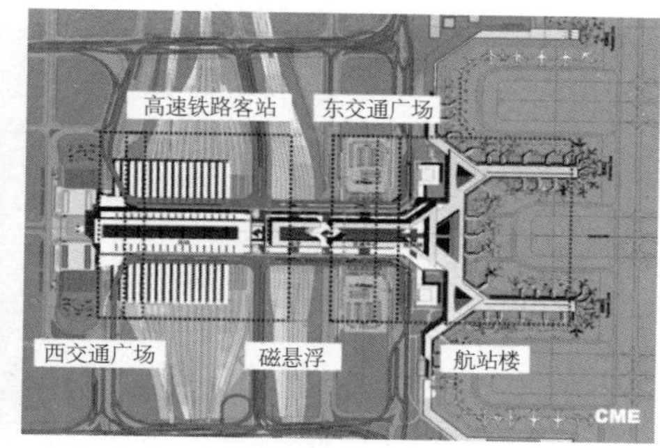

图 7-43　上海虹桥综合交通枢纽布局情况

来源：http：baike.baidu.com/subview/2599343/2599343.htm

选取上海虹桥综合交通枢纽作为本书研究案例的原因除其本身的规模与影响力等方面以外，上海虹桥综合交通枢纽从策划到建设，经历了多方面、长时间的考证与调研，是国内少有的经全面策划后建设的大型复杂项目实例。如今，上海虹桥枢纽已经建成投入使用，它给周边城市及区域带来的各种便捷有目共睹。本书将选取它作为大型复杂项目建筑策划群决策计算机数据分析方法的研究案例，运用本书建立的方法对其进行建成后使用反馈的设计群决策，在验证本书方法的同时，也验证其最初的策划思路与最终建成使用结果的符合程度。

1. 上海虹桥综合交通枢纽建筑策划方案与相关信息收集

在对上海虹桥综合交通枢纽建筑策划方案中的决策对象进行选取时，以前文已分类的决策方式为参照，以项目前期策划的具体决策项为决策内容，使本书项目投入使用后的设计策划（即使用后评估）的具体对象与项目前期策划相符合，从而保证其可比性。

在此，根据三种不同的决策方式——单项选择法、多项选择法、排序法，在上海虹桥综合交通枢纽建筑策划中分别选择 1 ～ 2 个决策对象作为参照对象作为本书研究案例的具体对象。

（1）针对单项选择法，选择功能内容作为决策对象，以收集不同决策主体对虹桥枢纽应该包含的功能内容的意见偏好为目的，设计调查问卷题目。

根据上海虹桥综合交通枢纽的建筑策划，功能内容的策划方案是：在虹桥综合交通枢纽西部，建设京沪高速铁路及沪宁、沪杭城际铁路；为虹桥国际机场分设东西两个航站楼；建设磁浮交通虹桥站；在铁路站以西、磁浮站和航站楼之间规划建设城市交通换乘设施（图 7-44、图 7-45）。此外，还需要通过单项选择法对参与决策的主体进行群体、年龄与性别等方面进行分类并鉴定。

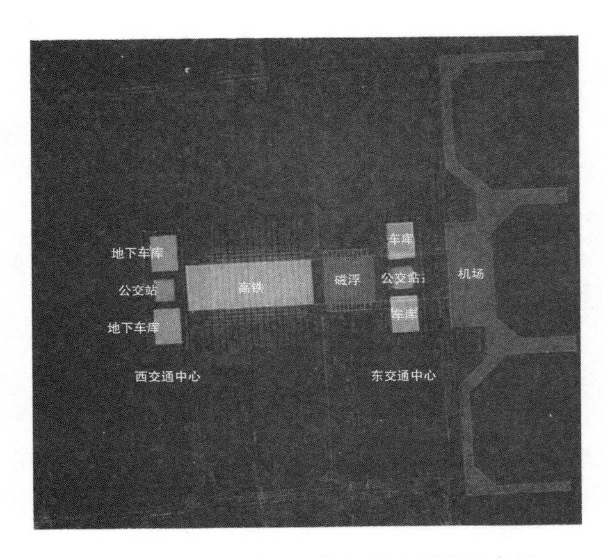

图 7-44　虹桥综合交通枢纽核心区平面布局

来源：武君．重大基础设施建设设计管理［M］．上海：上海科学技术出版社，2009

图 7-45　虹桥综合交通枢纽核心区平面布局

来源：武君．重大基础设施建设项目策划［M］．上海：上海科学技术出版社，2009

（2）针对多项选择法，选择空间布局（换乘）作为决策对象，以得到每个决策主体唯一的交通换乘（直接影响空间布局形态）偏好为目的，设计调查问卷题目。

根据上海虹桥综合交通枢纽的建筑策划，空间布局（换乘）的策划方案是：在12.15m 的出发层策划了一个完全互通的具有双通道的换乘层（图 7-46、图 7-47），在这个旅客出发层做了平行的两个大的通道，把这些设施全串联起来，通道两边有商业设施和各种服务设施。然后由于通过磁浮和机场到达的旅客出来都在 6.6m 的层面上，因此在磁浮和机场之间策划了一个位于 6.6m 高度的换乘通道，以避免旅客再携带行李上下不同层面。另外，还在地下一层，利用地铁的站厅层把两个地铁站的站厅连起来，形成一个宽敞的换乘通道。这样就形成了三个不同层面的换乘通道。

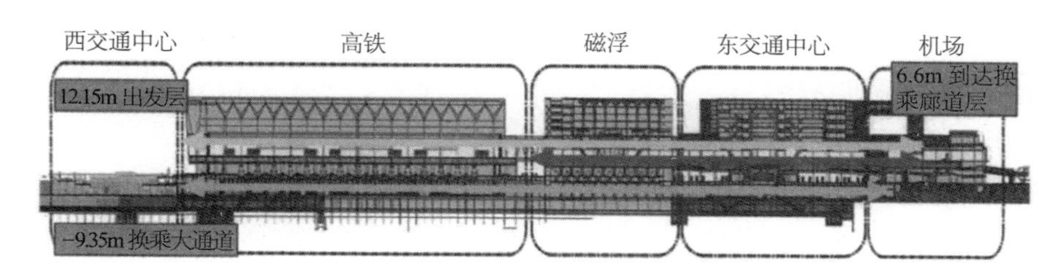

图 7-46　虹桥综合交通枢纽核心区三大换乘通道

来源：武君．重大基础设施建设项目策划［M］．上海：上海科学技术出版社，20

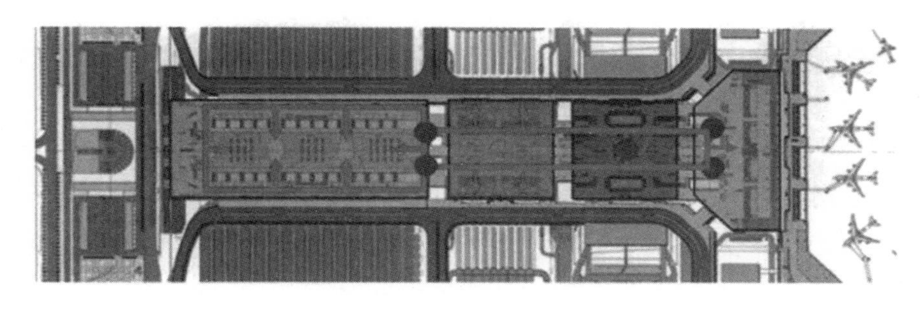

图 7-47　虹桥综合交通枢纽核心区 12.15m 层换乘关系

来源：武君．重大基础设施建设项目策划［M］．上海：上海科学技术出版社，20

（3）针对排序法，选择交通方式作为决策对象，包括市内交通方式与长途交通方式，根据项目策划的结果，以得到各群体对虹桥综合交通枢纽交通形式从多到少的的组织排序为目标，设计相应的调查问卷题目。

根据上海虹桥综合交通枢纽的建筑策划，市内交通方式的策划方案是：在虹桥综合交通枢纽轨道交通安排五条线，在枢纽设施下设两个站；各类巴士线路有 40 ~ 60 条（公交优先），同时包含社会车辆、出租车与社会巴士等；各种停车位在 1 万个以上。

长途交通方式的策划方案是：虹桥国际机场年处理 3000 万 ~ 4000 万人次和 100 万 t 左右的货物；铁路虹桥站共有 30 股道，其中 10 股道用于城际线，20 股道为高速铁路使用，2020 年为年旅客吞吐量 5000 万 ~ 6000 万人次。

2. 设计针对上海虹桥综合交通枢纽部分决策对象的建筑策划群决策调查问卷

根据调查问卷的设计程序，首先要对参与问卷调查的决策主体给予必要的调查说明与调查对象简介，使其能够充分了解该项调研的目的和内容。其次，需要通过简单的调查问卷，了解参与问卷调查对象与该调研相关的个人情况与主体属性，例如年龄、职业等，通过这类调查，我们可以对参与决策的人员进行不同决策群体分类，为后续研究提供方便。有了对决策主体基本情况的了解，在回收调查问卷并进行统计的时候，就可以按照不同的决策群体来分类统计，并最终与各决策群体相对应的权重结合。

调研内容的设计以本书确立的三种决策方式为参照，具体的决策对象即是前文选择的上海虹桥综合交通枢纽的交通方式（包含市内交通方式与长途交通方式）、空间布局（换乘）及功能内容，以及综合各方面的总体评价这几个方面。根据上海虹桥综合交通枢纽的建筑策划方案，具体设计如下：

1）针对单项选择法进行的调查问卷设计

本书针对单项选择法选取的决策对象是功能内容，在上海虹桥综合交通枢纽的建筑策划方案中，功能内容是在虹桥综合交通枢纽西部，建设京沪高速铁路及沪宁、沪杭城际铁路；为虹桥国际机场分设东西两个航站楼；建设磁浮交通虹桥站；在铁路站以西，磁浮站和航站楼之间规划建设城市交通换乘设施。根据上海虹桥枢纽远景规划情况，我们将可选的功能内容：2 个航站楼与 1 个高铁站、1 个磁浮站四者之间的功能布置按排列组合分为 6 种。只分为 6 种排列方式的原因是磁浮站仅能布置在航站楼与高铁站的中间，如果布置在任一端头将增大换乘距离。这 6 种排列组合包括两航站楼在一起并置或两航站楼分开布置 2 种情况。设计题目如下：

调查问题：请在综合考虑您的个人多方面因素（可能包含便捷程度、时间、费用，或个人知识层面、职业影响等）的前提下，您认为上海虹桥综合交通枢纽功能布局的方式（顺序为自西向东）应该是__________________为最佳（单选）。

☐ A.1 号航站楼——2 号航站楼——磁浮车站——高铁站

☐ B. 高铁站——磁浮车站——2 号航站楼——1 号航站楼

☐ C.1 号航站楼——磁浮车站——2 号航站楼——高铁站

☐ D. 高铁站——2 号航站楼——磁浮车站——1 号航站楼

☐ E.1 号航站楼——高铁站——磁浮车站——2 号航站楼

☐ F.1 号航站楼——磁浮车站——高铁站——2 号航站楼

针对多项选择法选取的决策对象是空间布局（换乘）方式，在上海虹桥综合交通枢纽的建筑策划方案中，空间布局是在第一个层面上把所有设施全部连接起来，在第二个层面上着重强调磁浮与机场的换乘便捷程度，在第三个层面上连通虹桥枢纽的2个地铁站。可选的空间布局（换乘）方式分为各航站楼与高铁车站的摆渡巴士、摆渡轻轨、步行结合快速电梯、地铁直接到达、磁浮直接到达、公共交通直接到达、自驾直接到达这几种方式的双向组合，设计题目如下：

调查问题：由于上海虹桥枢纽与多种交通方式结合，综合考虑便捷程度、布局、规模、流量等因素，如采取部分交通方式直达＋部分交通方式换乘到达的组合，请在综合考虑您的个人多方面因素（可能包含便捷程度、时间、费用或个人知识层面、职业影响等）的前提下，在经上海虹桥枢纽去往、途经或离开上海时，您倾向于选择或可接受的组合（包含换乘）方式是________________（多选）。

☐ A. 地铁、自驾停车直接与各航站楼、高铁站无缝连接，公共交通（包括公交车、机场巴士、出租车、社会巴士）分线路分类与各航站楼、高铁站无缝连接，各航站楼与高铁站两两之间只能通过以上几种交通方式换乘连接

☐ B. 地铁、自驾停车直接与各航站楼、高铁站无缝连接，公共交通（包括公交车、机场巴士、出租车、社会巴士）分线路分类与各航站楼、高铁站无缝连接，除通过以上几种交通方式换乘外，各航站楼与高铁站两两之间有摆渡巴士连接

☐ C. 地铁、自驾停车直接与各航站楼、高铁站无缝连接，公共交通（包括公交车、机场巴士、出租车、社会巴士）分线路分类与各航站楼、高铁站无缝连接，除通过以上几种交通方式换乘外，各航站楼与高铁站两两之间有丰富多样商业模式的步行加快速电梯连接

☐ D. 在地铁、自驾停车直接与各航站楼、高铁站无缝连接的基础上增加磁浮与各航站楼、高铁站中的一个连接，通过地铁、公共交通换乘至其他两目的地

☐ E. 在地铁、自驾停车直接与各航站楼、高铁站无缝连接的基础上增加磁浮与各航站楼、高铁站中的一个连接，通过摆渡巴士换乘至其他两目的地

☐ F. 在地铁、自驾停车直接与各航站楼、高铁站无缝连接的基础上增加磁浮与各航站楼、高铁站中的一个连接，通过沿途有丰富多样商业模式的步行加快速电梯到达其他两目的地

在上海虹桥综合交通枢纽的建筑策划方案中，市内交通可选的方式分为地铁、磁悬浮、公交车、机场巴士、社会巴士、出租车和自驾七种，另外结合摆渡巴士与沿途商业步行两种换乘方式，与原有策划的交通方式基本吻合，只是在分类上新增了两种模式．设计题目如下：

调查问题：请在综合考虑您的个人多方面因素（可能包含便捷程度、时间、费用，或个人知识层面、职业影响等）的前提下，在去往、途经或离开上海虹桥枢纽时，为您倾向于选择的市内交通方式按您的偏好从高到低排序（未选选项可不加入排序）____。

☐ A. 地铁　☐ B. 磁悬浮　☐ C. 公交车　☐ D. 机场巴士　☐ E. 社会巴士　☐ F. 出租车　☐ G. 自驾　☐ H. 摆渡巴士　☐ G. 沿途布置丰富多样商业模式的步行加快速电梯

针对排序法进行的调查问卷设计：在上海虹桥综合交通枢纽的建筑策划方案中，可选的长途交通方式分为航空、城际高铁、城际动车、远途高铁、远途动车、城际轨道与长途客车 7 种，这 7 种交通方式与原有策划的长途交通方式基本吻合，只是将分类具象性提高，便于参与问卷调查人员的理解，这样也可以在根据不同交通方式的配比来计算具体需求量的时候使分配更加精准。设计题目如下：

调查问题：请在综合考虑您的个人多方面因素（可能包含便捷程度、时间、费用，或个人知识层面、职业影响等）的前提下，在经上海虹桥枢纽去往、中转或离开上海时，您倾向于选择的长途交通方式有________________________（多选）。

☐ A. 航空　☐ B. 城际高铁　☐ C. 城际动车　☐ D. 远途高铁　☐ E. 远途动车　☐ F. 城际轨道　☐ G. 长途客车

根据调查问卷从决策主体与决策方式两方面分类统计结果。

通过计算机将所有有效问卷整理为一个包含各个参与调查对象及所有调查内容的图表，截取其部分如图 7-48、图 7-49 所示。

根据问卷调查结果统计得到各单项选择最终结果为：

（1）参与问卷调查的群体的年龄分布情况如图 7-50 所示，在这里，最主要的参与人群聚集在 25 ~ 40 岁的年龄段，占到了总参与人数的 32%，这与年轻人比老年人更乐

	选项	1	2	3	4	5	6	7	8	9	10	11	12	13	14	15	16	17	18	19	20	……
年龄段	10 岁及以下																●					
	11 ~ 17 岁					●						●										
	18 ~ 24 岁	●		●					●					●								
	25 ~ 40 岁		●		●			●			●							●				
	41 ~ 50 岁						●			●					●	●			●			
	51 ~ 60 岁																			●		
	61 岁及以上												●									
性别	男		●	●			●		●		●	●	●	●					●	●		
	女	●			●	●		●		●					●	●	●	●				

图 7-48 调查问卷部分截取结果

职业类型	政府、机关														●					
	地产投资行业									●										●
	建筑设计行业		●	●										●						
	施工行业							●											●	
	其他行业				●						●							●		
	外来游客								●							●	●			
	普通居民市民						●						●							
	学生	●				●						●								
交通枢纽布局	1-2- 磁浮 - 高铁	●					●		●				●							
	高铁 - 磁浮 -2 -1		●	●		●		●		●	●	●		●	●	●	●	●	●	●
	1- 磁浮 -2- 高铁				●															
	高铁 -2- 磁浮 -1																			
	1- 高铁 - 磁浮 -2																			
	1- 磁浮 - 高铁 -2																			
长途交通方式	航空	●	●	●	●	●	●	●	●	●	●	●	●	●	●	●	●	●	●	●
	城际高铁	●		●	●		●	●	●	●	●	●			●			●	●	●
	远途高铁	●			●		●	●	●	●	●	●							●	
	城际动车	●	●		●	●	●	●	●		●	●			●			●	●	●
	远途动车	●	●		●	●	●	●	●		●									
	城际轨道	●		●	●	●	●	●		●	●	●	●		●	●	●	●	●	●
	长途客车		●				●		●			●			●					
换乘方式	只通过地铁、公共交通换乘		●			●	●		●	●	●		●		●	●	●	●	●	●
	增加摆渡巴士换乘	●		●	●			●	●	●	●	●		●		●			●	
	增沿途商业步行换乘	●	●	●	●	●	●	●		●	●	●		●	●		●	●		●
	磁浮地铁公交	●	●			●	●		●	●	●		●			●	●	●	●	●
	磁浮摆渡巴士	●		●	●			●	●	●		●		●		●			●	
	磁浮步行商业	●	●	●	●	●	●	●		●		●		●	●		●	●		●
交通方式偏好排序	地铁	①	①	①	①	①	①	①	①	③	①	①	①	①	⑤	①	①	②	①	⑤
	磁悬浮	⑤	⑤	③	②	④	④	④	②	②	③	③		③	①			④	②	①
	公交车		④									④	④	④		⑤				
	机场巴士	⑥	②			⑤	⑤	②	③	④	②		②	⑤	④	②	②		⑤	
	社会巴士		③										③	⑥						
	出租车	②		②	⑤	②	②	③	⑤	①		②	⑤	②	②	②	③	①	③	②
	自驾						③								③	⑥		⑤		③
	摆渡巴士	③			③			⑤	④		④	⑥				④			④	
	商业步行	④		④	④	③				⑤		⑤						③		④

图 7-49 针对单项选择法所选决策对象的各主体调查问卷统计结果及分析

于接受问卷调查的现象是分不开的，且使用上海虹桥综合交通枢纽的人群里年轻人也比老年人多，同样的，青少年也相对较少，这个年龄段也符合当代社会“青年”的划分定义，属于各年龄段中最活跃的人群，具有多元、适应力强等特点。这些属性对本书调查问卷带来的影响也是积极的，他们具有比其他年龄段的人群更复杂的行为模式与偏好选择，也是当代社会最主要的流动人群。另外，也有10岁及以下儿童参与问卷调查，这其中有部分儿童是在成年人的指导与解释下完成了选择，对于未能确定是否真实反映其偏好的问卷，我们做了排除。因此参与调查者的年龄分布的调查结果是与上海虹桥综合交通枢纽的使用情况基本一致的。

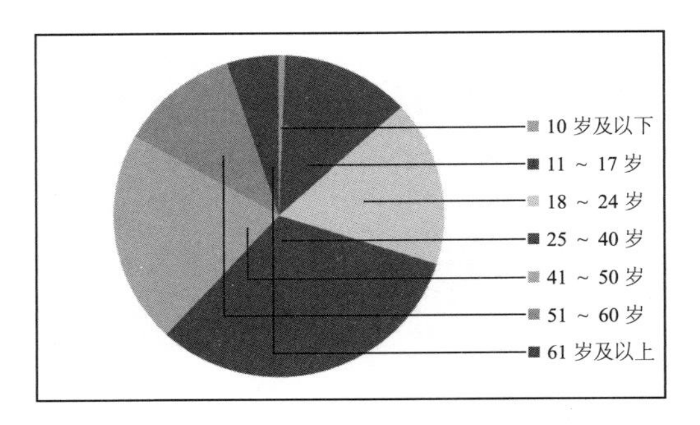

图7-50　参与问卷调查的群体的年龄分布情况

（2）调查结果中男女比例这一项中男524，女391，男女比为1.34∶1，参与问卷调查的人群中男性稍多于女性，近年全国男女出生比例在117∶100左右，社会正常的男女比例应该在103∶100 ~ 107∶100范围内，因此本书调查对象男女比例稍微偏高，由于男女看待问题的视角差别、体验差别等因素，所以对调查结果也有一定的影响。

（3）对于职业类型的调查结果而言，也是与预估情况相符合的。由于该问卷调查需要定向针对几种不同的人群，从社会整体看来，不同人群之间本身就存在数量差别，加上他们对上海虹桥综合交通枢纽的使用频率和使用程度之间也有差别，此外还要考虑到指定其中某些特定部分人群参与调查的难度相对较大，所以调查结果中各职业类型的配比也存在明显的差异性，如图7-51所示，

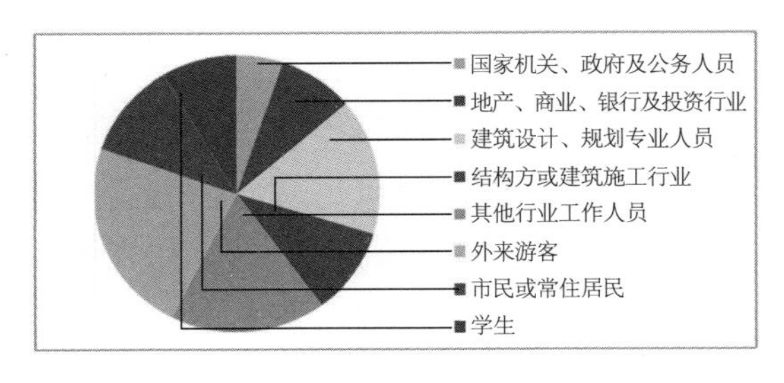

图7-51　参与问卷调查群体的职业类型分布情况

把这些人群再进一步划分为几个决策主体，将其他行业工作人员、市民或常住居民以及学生全部划分到市民这一主体中，将得到更为明显的不同主体配比关系，如图，政府∶投资∶设计∶施工∶游客∶市民参与问卷调查的人数比例是48∶79∶145∶93∶209∶341（图7-52）。

（4）对交通枢纽布局的统计结果与前面几个单项选择不同的地方在于，它需要在已经分类的决策主体基础上进行统计，这样才能得到不同决策主体的偏好累积结果，如表 7-2 所示，从表中可以看出不同主体对交通枢纽布局偏好的分布情况，由于本次问卷调查是在项目建成投入使用后进行的，相当于是对虹桥综合交通枢纽的使用后评估，因此可以看出大部分决策者的偏好与现有实际情况基本一致，当然也有部分决策者有其他的意见与偏好，也在统计中表现了出来。

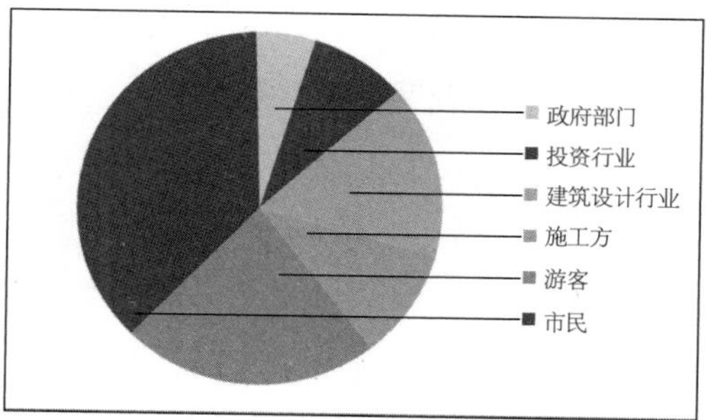

图 7-52　参与问卷调查的群体按主体分类后的比例情况

上海虹桥综合交通枢纽建筑策划群决策功能布局方式（自西向东）统计结果　　表7-2

	政府部门	投资行业	建筑设计行业	施工方	游客	市民
1 号航站楼、2 号航站楼、磁浮站、高铁站	13	11	27	5	48	54
高铁站、磁浮站、2 号航站楼、1 号航站楼	35	68	118	88	151	236
1 号航站楼、磁浮站、2 号航站楼、高铁站					3	19
1 号航站楼、2 号航站楼、磁浮站、高铁站					7	35
高铁站、磁浮站、2 号航站楼、1 号航站楼						
1 号航站楼、磁浮站、2 号航站楼、高铁站						

2）针对多项选择法所选决策对象的各主体调查问卷统计结果

根据问卷调查结果统计得到各多项选择最终结果为：

（1）在去往、途经或离开上海时，人们倾向于选择的长途交通方式统计结果如表 7-3 所示，从表中统计数据可以大致看出各主体对不同交通方式的偏好。

（2）在去往、途经或离开上海时，人们倾向于选择的交通换乘组合方式统计结果如表 7-4 所示。

3）针对排序法所选决策对象的各主体调查问卷统计结果

根据问卷调查结果统计得到的排序最终结果为：

上海虹桥综合交通枢纽建筑策划群决策长途交通方式（自西向东）统计结果　　表7-3

	政府部门	投资行业	建筑设计行业	施工方	游客	市民
航空	48	79	145	37	148	239
城际高铁	41	75	93	18	177	179
城际动车	12	31	78	11	106	163
远途高铁	33	53	117	23	115	195
远途动车	5	8	33	64	141	169
城际轨道	39	62	104	86	39	181
长途客车	9	0	28	51	124	68

上海虹桥综合交通枢纽建筑策划群决策交通换乘方式统计结果　　表7-4

	政府部门	投资行业	建筑设计行业	施工方	游客	市民
仅通过地铁公交、自驾到达、换乘	29	57	43	39	169	240
在A的基础上增加摆渡巴士换乘	8	21	84	56	113	77
在A的基础上增加结合商业的步行换乘	23	63	133	24	39	261
在A的基础上增加磁悬浮	16	49	27	17	181	285
在D的基础上增加摆渡巴士换乘	11	36	51	61	125	82
在D的基础上增加结合商业的步行换乘	19	68	96	31	86	116

由于将参与调查的人群分类为六个决策主体，因此需要针对每个决策主体分别统计其偏好排序，才能在进行群决策计算的时候分主体提供数据信息。对各个决策主体分别统计的偏好排序如表7-5～表7-10所示。

上海虹桥综合交通枢纽建筑策划群决策交通方式偏好排序统计结果1　　表7-5

政府									
	①	②	③	④	⑤	⑥	⑦	⑧	⑨
地铁	16	9	5	6	8				
磁悬浮	4	7	6	11	8	3			
公交车		3	4	3	2	7	8	10	1

续表

政府									
	1	2	3	4	5	6	7	8	9
机场巴士	9	5	6	7	10	4			
社会巴士				2	1	3	5	8	4
出租车	13	18	8	6	5				
自驾	6	2	9	1	3	1			
摆渡巴士			4	5	3	2	9	4	3
商业步行		4	6	7	8	11	6	2	3

上海虹桥综合交通枢纽建筑策划群决策交通方式偏好排序统计结果2　　表7-6

投资行业									
	①	②	③	④	⑤	⑥	⑦	⑧	⑨
地铁	11	19	12	18	13	8			
磁悬浮	23	29	18	16	8	4			
公交车					2	3	5		
机场巴士	3	6	11	14	10	18	11		
社会巴士				1	4	9	17		
出租车	37	21	14	8	11				
自驾	5	2	19	11	7	3	1		
摆渡巴士		2	1	5	8	9	11		
商业步行			1	6	16	13	9		

上海虹桥综合交通枢纽建筑策划群决策交通方式偏好排序统计结果3　　表7-7

建筑设计									
	①	②	③	④	⑤	⑥	⑦	⑧	⑨
地铁	72	23	20	10	17	8			
磁悬浮	34	35	48	27	20	20	13	6	
公交车			6	8	9	23	9	14	9
机场巴士	8	12	15	16	36	19	12	9	
社会巴士	3	1	5	8	6	11	15	16	8
出租车	21	57	20	13	19	19	3		
自驾	7	2	6	10	5	13	9	19	11
摆渡巴士		15	14	16	11	15	11	7	13
商业步行		11	37	22	17	10	9		

上海虹桥综合交通枢纽建筑策划群决策交通方式偏好排序统计结果　　表7-8

施工方									
	①	②	③	④	⑤	⑥	⑦	⑧	⑨
地铁	31	21	13	7					
磁悬浮	18	23	16	21	10	6	8	4	2
公交车	1	4	6	10	11	4	6	12	13
机场巴士	4	29	15	9	15	16	17	10	11
社会巴士	3	1	5	11	8	3	20	11	9
出租车	23	8	19	8	10	11	6	14	3
自驾	7	2	4	6	9	12	8	2	16
摆渡巴士	6	3	4	6	17	21	16	13	8
商业步行		2	11	15	13	18	7	16	6

上海虹桥综合交通枢纽建筑策划群决策交通方式偏好排序统计结果　　表7-9

游客									
	①	②	③	④	⑤	⑥	⑦	⑧	⑨
地铁	107	41	30	24	28				
磁悬浮	39	67	19	18	20	9	2		
公交车		4	13	21	14	16	14	13	
机场巴士	11	23	29	43	34	11	13	8	
社会巴士			2	16	22	31	24	11	2
出租车	33	56	75	31	36	19	8		
自驾									
摆渡巴士	5	9	17	20	16	24	26	10	9
商业步行	14	9	24	36	39	30	23	9	11

上海虹桥综合交通枢纽建筑策划群决策交通方式偏好排序统计结果　　表7-10

市民									
	①	②	③	④	⑤	⑥	⑦	⑧	⑨
地铁	163	97	53	66	59				
磁悬浮	15	6	9	3	1				
公交车	31	41	64	77	67	54			
机场巴士	39	32	85	50	62	81	69		
社会巴士									
出租车	51	106	49	62	51	67	57		
自驾	39	53	61	57	79	65	42		
摆渡巴士	3	2	11	16	14	33	19		
商业步行		4	9	10	8	9			

根据决策主体分类统计结果看来，不同的决策主体对不同交通方式的偏好排序之间存在着很大的差别，在通过各决策的统计结果对他们的偏好进行排序时，除选项间明显的数据区别外，对于不具有明显标识的选项，则对其在该决策主体下各级别的位置进行综合评判，最后得出这几个决策主体对交通方式的偏好排序分别为：

（1）政府：地铁—出租车—自驾—磁悬浮—机场巴士—商业步行—摆渡巴士—公交车—社会巴士。

②投资行业：出租车—磁悬浮—自驾—地铁—商业步行—机场巴士—社会巴士—摆渡巴士—公交车。

③建筑设计行业：地铁—出租车—磁悬浮—商业步行—机场巴士—公交车—社会巴士—自驾—摆渡巴士。

④施工方：地铁—机场巴士—出租车—磁悬浮—摆渡巴士—商业步行—社会巴士—公交车—自驾。

⑤游客：地铁—磁悬浮—出租车—机场巴士—商业步行—社会巴士—摆渡巴士—公交车—自驾。

⑥市民：地铁—出租车—机场巴士—自驾—公交车—摆渡巴士—磁悬浮—社会巴士。

运用计算机确定上海虹桥综合交通枢纽主体权重分配的过程分析：

由于上海虹桥综合交通枢纽是已建成并投入使用的项目，其建筑前期策划等内容都可以通过调研与实际观测得到，因为我们可以对其决策主体权重进行求解，要确定各主体的权重分配，就要先确定各相关参数的数据。第一个，需要确认的是项目本身建筑策划内容，在这里我们需要的是针对特定的几个决策对象的建筑策划内容，即“决策项的观测值”；第二个重要参数则是决策项的实际结果与理论结果之间的差值，即“决策项的观测值”与“决策项的计算值”之间的差值；通常理想情况下，该两者之间的误差范围应当越小越好，即“决策项的观测值”与“决策项的计算值”之间存在误差无限趋近于0。第三个重要参数是不同决策主体对不同决策项的偏好值，即本书所选的特定的几个决策对象，在项目建设前的建筑策划过程中各决策主体表现出来的偏好值，这些数据通过统计整理之后可以作为参数的原型，通过与计算机相应项的对应，直接带入权重计算公式中运算。

各决策主体对虹桥综合交通枢纽布局方式的偏好计算过程汇总 **表7-11**

	高铁站	磁浮	2号	1号
政府	$13\times1+35\times4$	$13\times2+35\times3$	$13\times3+35\times2$	$13\times4+35\times1$
	3.1875	2.7292	2.2708	1.8125

续表

	高铁站	磁浮	2号	1号
投资	11×1 + 68×4	11×2 + 68×3	11×3 + 68×2	11×4 + 68×1
	3.5823	2.8608	2.1392	1.4359
建筑设计行业	27×1 + 118×4	27×2 + 118×3	27×3 + 118×2	27×4 + 118×1
	3.4414	2.8138	2.8162	1.5586
施工方	5×1 + 88×4	5×2 + 88×3	5×3 + 88×2	5×4 + 88×1
	3.8387	2.9462	2.0538	1.1613
游客	48×1 + 151×4 + 3×1 + 7×4	48×2 + 151×3 + 3×3 + 3×7 + 2	48×3 + 151×2 + 3×2 + 7×3	48×4 + 151×1 + 3×4 + 7×1
	3.2679	2.7368	2.2632	1.7321
市民	54×1 + 236×4 + 19×1 + 35×4	54×2 + 236×3 + 19×3 + 35×2	54×3 + 236×2 + 19×2 + 35×3	54×4 + 236×1 + 19×4 + 35×1
	3.3634	2.7413	2.2587	1.6366

由于决策项大多为离散非数字变量，因此在设计时采用简单的打分系统进行表示。比如布局方式中的排序问题，我们规定，排在第一位打4分，第二位3分，第三位2分，第四位1分，向量（x1，x2，x3，x4）T分别代表高铁站、磁浮列车、2号航站楼、1号航站楼的得分，因此，排序方式 高铁站—磁浮车站—2号航站楼—1号航站楼的得分向量为:（4，3，2，1），排序方式 2号航站楼—1号航站楼—高铁站—磁浮车站的得分向量为（2，1，4，3）T。由此可以列出以下等式：

$$a1(x1, x2, \cdots, xn)+a2(x1, x2, \cdots, xn)+\cdots+am(x1, x2, \cdots, xn)=(y1, y2, \cdots, yn)$$

其中，a1，⋯，am代表决策主体的权重，向量（x1，⋯，xn）表示打分向量。

对于非排序类型的结果，比如换乘方式，本书采取0/1向量进行表示，带入该方式时，向量在该项上取值为1，反之为0，向量的实质是一个多重标注。例如，我们设计只通过地铁、公交换乘的向量为（1，1，0，0，⋯，0）T。将上述方程式联立，得到求解决策者权重的方程组，即线性规划问题。

将前文各个统计表中的数据转换为可直接带入运算的形式后，汇总如表7-11～表7-14所示。

各决策主体对虹桥综合交通枢纽换乘方式的偏好数据汇总 **表7-12**

	地铁、公交	步行
政府	48	23
	1	0.4792

续表

	地铁、公交	步行
投资	79	63
	1	0.7975
建筑设计行业	145	133
	1	0.9172
施工方	93	24
	1	0.2581
游客	209	39
	1	0.1866
市民	341	261
	1	0.7654

各决策主体对虹桥综合交通枢纽长途交通方式的偏好数据汇总　　表7-13

	城际高铁、动车	远途高铁、动车	航空
政府	38	48	48
	0.7917	1	1
投资	53	75	79
	0.6709	0.9494	1
建筑设计行业	93	53	145
	0.6414	0.3655	1
施工方	18	64	37
	0.1935	0.6882	0.3978
游客	177	141	148
	0.8469	0.6746	0.7081
市民	179	196	239
	0.5249	0.5748	0.7009

各决策主体对虹桥综合交通枢纽交通方式的偏好数据汇总　　表7-14

	地铁	商业步行	公交	出租车	自驾
政府	$25\times5+11\times4+8\times3$	$4\times5+13\times4+19\times3+8\times2+3$	$3\times5+7\times4+9\times3+18\times2+1\times1$	$31\times5+14\times4+5\times3$	$8\times5+10\times4+4\times3$
	4.0208	3.0833	2.2292	4.7083	1.9167
投资	$30\times5+30\times4+21\times3$	$7\times4+29\times3+9\times2$	$5\times3+5\times2$	$58\times5+22\times4+11\times3$	$7\times5+30\times4+10\times3+1\times2$
	4.2152	1.6835	0.3165	5.2025	2.3671

续表

	地铁	商业步行	公交	出租车	自驾
建筑设计行业	95×5 + 30×4 + 25×3	48×4 + 39×3 + 19×2	14×4 + 22×3 + 23×2 + 9	78×5 + 33×4 + 38×3 + 3×2	9×5 + 16×4 + 18×3 + 28×2 + 11
	4.6207	2.3931	1.2207	4.4276	1.5862
施工方	52×5 + 20×4	2×5 + 26×4 + 31×3 + 23×2 + 6	5×5 + 16×4 + 15×3 + 18×2 + 13	31×5 + 27×4 + 21×3 + 20×2 + 3	9×5 + 10×4 + 21×3 + 10×2 + 16
	3.6559	2.7849	1.9677	3.9677	1.9785
游客	148×5 + 54×4 + 28×3	23×5 + 60×4 + 69×3 + 32×2 + 11	4×5 + 34×4 + 30×3 + 27×2	89×5 + 106×4 + 55×3 + 8×2	0
	4.9761	3.4785	1.4354	5.0239	0
市民	260×5 + 119×4 + 59×3	4×5 + 19×4 + 17×3	72×5 + 141×4 + 121×3	157×5 + 111×4 + 128×3 + 57×4	92×5 + 128×4 + 144×3 + 42×2
	5.7273	0.4311	3.7742	5.3988	4.3636

样本构建好之后，使用 Matlab 进行编程求解，程序如下：

```
x1=[3.1875，2.7292，2.2708，1.8125，0.7917，1，1，1，0.4792，4.0208，3.0833，2.2292，4.7083，1.9167]
x2=[3.5823，2.8608，2.1392，1.4359，0.6709，0.9494，1，1，0.7975，4.2152，1.6835，0.3165，5.2025，2.3671]
x3=[3.4414，2.8138，2.8162，1.5586，0.6414，0.3655，1，1，0.9172，4.6207，2.3931，1.2207，4.4276，1.5862]
x4=[3.8387，2.9462，2.0538，1.1613，0.1935，0.6882，0.3978，1，0.2581，3.6559，2.7849，1.9677，3.9677，1.9785]
x5=[3.2679，2.7368，2.2632，1.7321，0.8469，0.6746，0.7081，1，0.1866，4.9761，3.4785，1.4354，5.0239，0]
x6=[3.3634，2.7413，2.2587，1.6366，0.5249，0.5748，0.7009，1，0.7654，5.7273，0.4311，3.7742，5.3988，4.3636]
x=[x1；x2；x3；x4；x5；x6]'
y=[4，3，2，1，3，2，1，1，0，5，4，3，2，1]'
p=regress（y，x）
```

其中 x1 ~ x6 为各决策主体的偏好，y 为观测值，p 为待求解的权重，最后求得 p（权重）：政府 0.8446；投资行业 -0.9044；建筑设计行业 0.4663；施工方 0.507；游客 0.1612；市民 0.0802。

从权重向量可以看出，大型复杂项目中，政府的决策意见是决定性因素，建筑设计和施工方的意见次之，然后是该建筑的主要使用者——游客，周边市民的意见权重相对较小，而投资方由于追求利益最大化，针对本书调研的几个特定的决策对象（主要是虹桥综合交通枢纽的交通方式、换乘方式等）而言，投资方不易从中获益，这在权重的求解中也得到了体现，因此在用户体验层面，其意见起到了一定的干扰作用。

通过调查统计结果得到的偏好与计算得到的主体权重求解针对各决策对象的群决策：

在已有的数据基础上，通过调查问卷，我们增加了对虹桥枢纽磁浮和各种巴士的项目，带入上一节所求出的权重向量，可以求解这些决策项新的群决策。

表 7-15、表 7-16 表示的是各决策主体对于是否新增磁悬浮与摆渡巴士这两种换乘方式的偏好程度，当值越趋近于 0 时，表示其偏好程度越低，即对新增的换乘方式持否定态度，当值越趋近于 1 时，表示其偏好程度越高，即对新增的换乘方式持肯定的态度。从表中可以看出各决策主体对于是否增加这两种换乘方式的态度。

决策主体对新增换乘项目的偏好程度汇总 **表7-15**

	磁浮	摆渡巴士
政府	11	8
	0.2292	0.1667
投资	49	21
	0.6203	0.2658
建筑设计行业	27	84
	0.1862	0.5793
施工方	17	56
	0.1828	0.6022
游客	181	113
	0.866	0.5407
市民	82	77
	0.2405	0.2258

决策主体对新增换乘方式偏好统计　　表7-16

	磁浮	社会巴士	机场巴士	摆渡巴士
政府	11×5 + 17×4 + 11×3	2×4 + 4×3 + 13×2 + 4	14×5 + 13×4 + 14×2	9×4 + 5×3 + 13×2 + 3
	3.25	1.0412	3.125	1.6667
投资	52×5 + 34×4 + 12×3	1×4 + 13×3 + 17×2	9×5 + 25×4 + 28×3 + 11×2	2×5 + 9×4 + 17×3 + 11×2
	5.4684	0.9747	3.1772	1.5063
建筑设计行业	69×5 + 75×4 + 40×3 + 19×2	4×5 + 13×4 + 17×3 + 31×2 + 8	20×5 + 31×4 + 55×3 + 21×2	15×5 + 30×4 + 26×3 + 18×2 + 13
	5.5379	1.331	2.9724	2.2207
施工方	41×5 + 37×4 + 16×3 + 12×4 + 2	4×5 + 16×4 + 11×3 + 31×2 + 9	33×5 + 24×4 + 31×3 + 27×2 + 11	9×5 + 10×4 + 38×3 + 29×2 + 8
	4.8495	2.0215	4.5054	2.8495
游客	106×5 + 36×4 + 29×3 + 2×2	18×4 + 53×3 + 35×2 + 2	34×5 + 72×4 + 45×3 + 21×2	14×5 + 37×4 + 36×3 + 36×2 + 9
	3.6603	1.4498	3.0383	1.9474
市民	21×5 + 12×4 + 3	0	71×5 + 135×4 + 143×3 + 69×2	5×5 + 27×4 + 47×3 + 19×2
	0.4575	0	4.2874	0.915

将上述数值带入原有样本，并使用计算出来的权重进行决策，同样使用Matlab编程计算，代码如下：

```
x1=[3.1875, 2.7292, 2.2708, 1.8125, 0.7917, 1, 1, 1, 0.4792, 0.2292, 0.1667, 4.0208, 3.0833, 2.2292, 4.7083, 1.9167, 3.2500, 1.0412, 3.1250, 1.6667]
x2=[3.5823, 2.8608, 2.1392, 1.4359, 0.6709, 0.9494, 1, 1, 0.7975, 0.6203, 0.2658, 4.2152, 1.6835, 0.3165, 5.2025, 2.3671, 5.4684, 0.9747, 3.1772, 1.5063]
x3=[3.4414, 2.8138, 2.8162, 1.5586, 0.6414, 0.3655, 1, 1, 0.9172, 0.1862, 0.5793, 4.6207, 2.3931, 1.2207, 4.4276, 1.5862, 5.5379, 1.3310, 2.9724, 2.2207]
x4=[3.8387, 2.9462, 2.0538, 1.1613, 0.1935, 0.6882, 0.3978, 1, 0.2581, 0.1828, 0.6022, 3.6559, 2.7849, 1.9677, 3.9677, 1.9785, 4.8495, 2.0215, 4.5054, 2.8495]
x5=[3.2679, 2.7368, 2.2632, 1.7321, 0.8469, 0.6746, 0.7081, 1, 0.1866, 0.8660, 0.5407, 4.9761, 3.4785, 1.4354, 5.0239, 0, 3.6603, 1.4498, 3.0383, 1.9474]
x6=[3.3634, 2.7413, 2.2587, 1.6366, 0.5249, 0.5748, 0.7009, 1, 0.7654, 0.2405, 0.2258, 5.7273, 0.4311, 3.7742, 5.3988, 4.3636, 0.4575, 0.0000, 4.2874, 0.9150]
x=[x1; x2; x3; x4; x5; x6]'
y_new=x×p
```

最后计算结果如图 7-53 所示。

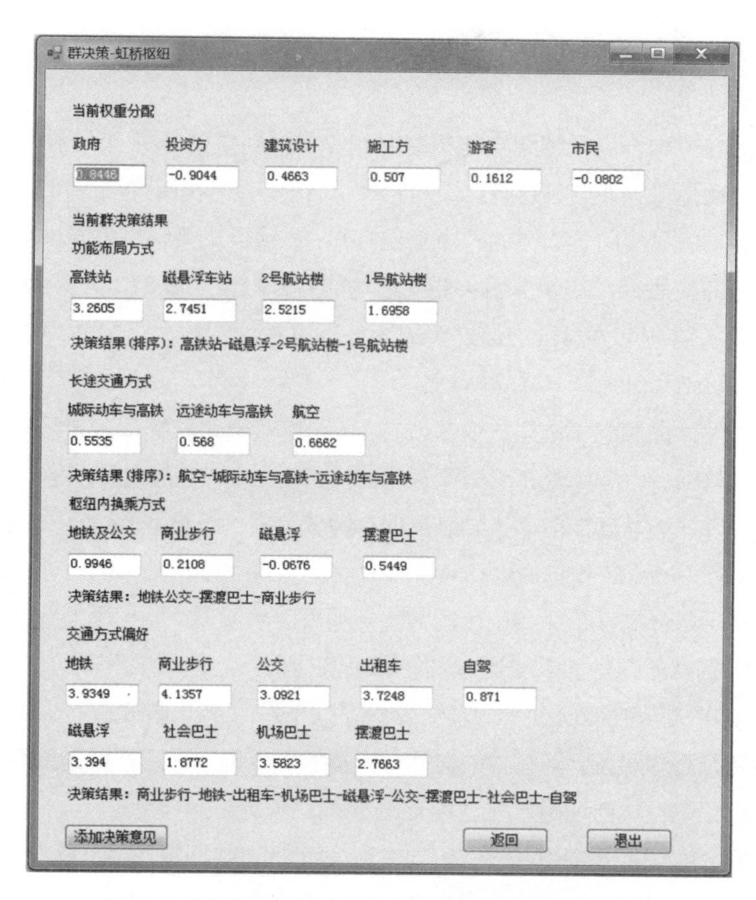

图 7-53　上海虹桥综合交通枢纽建筑策划群决策结果

从各决策对象的建筑策划群决策计算结果可以看出各决策对象根据本书建立的大型复杂项目建筑策划群决策结果（图 7-53），分别是：

（1）上海虹桥综合交通枢纽功能布局方式（自西向东）：高铁站—磁悬浮站—2 号航站楼—1 号航站楼。

（2）决策主体最倾向于选择的长途交通方式（前三）：航空、城际（含高铁、动车）、远途（含高铁、动车）。

（3）决策主体最倾向于选择的换乘方式：地铁公交、摆渡巴士、步行。在这里，换乘磁悬浮的群决策值为负，则说明根据群决策分析，不推荐在虹桥枢纽增加磁悬浮列车。

（4）决策主体倾向于选择的交通方式排序：商业步行—地铁—出租—机场巴士—磁悬浮—公交—摆渡巴士—社会巴士—自驾。

布局群决策结果是不推荐修建磁浮列车，但摆渡巴士很有必要，同时从“换乘顺序”

中可以看到，步行、地铁、出租、巴士是最为重要的换乘方式

3. 通过比较群决策结果与相应建筑策划内容对项目前期建筑策划作出评价

通过计算机运算得到的群决策结果，我们可以将其与案例前期策划内容进行比对，具体情况如下：

（1）上海虹桥综合交通枢纽功能布局方式（自西向东）：群决策结果与项目前期策划结果完全一致，可见参与问卷调查的人群对于当前虹桥枢纽功能布局情况是满意的。

（2）决策主体最倾向于选择的长途交通方式：该项群决策结果也同项目前期策划结果相一致，上海虹桥综合交通枢纽主要交通功能即是航空与铁路（含高铁与动车），由此可以确定项目前期策划对于上海虹桥综合交通枢纽的定位也是与使用情况现状相符合的。

（3）决策主体最倾向于选择的换乘方式：该决策对象的群决策调查结果与项目前期策划有一定的差别，主要体现在参与调查的群体对增加摆渡巴士这一种换乘交通方式有比较明显的偏好，而从项目前期策划以及现有情况看来，上海虹桥综合交通枢纽在地铁线路贯通 1 号航站楼、2 号航站楼及高铁站之后已经将摆渡巴士停运。除此以外，参与调查的人群对于选择地铁公交与步行的情况与项目前期策划一致。另外，我们在此得到了不推荐增加磁悬浮这种换乘交通方式的群决策结果，这也与项目现有情况是一致的。项目前期策划中实际上策划了关于修建磁悬浮列车站以及开通磁悬浮这种交通方式的内容，但实际并没有建设。通过本书对部分人群的调查统计而计算得到的群决策结果也表明不推荐在虹桥枢纽新增磁悬浮这种交通方式。

（4）决策主体倾向于选择的交通方式排序：根据项目前期策划内容看来，将地铁列在了第一位，其次是出租与机场巴士、公交，最后是自驾，前期策划中将车库的规模设计得比需求的规模小，停车位不够，从而停车收费提高，让旅客更倾向于选择公共交通而非自驾。这与使用后的反馈群决策结果是相一致的，由此也可以看出项目前期策划对项目发展的影响。另外，参与问卷调查人群的统计结果显示，在上海虹桥综合交通枢纽内部布置包含多种商业类型的步行道是人们最优选择的一种枢纽内部交通方式，从该群决策结果可以看出人们对于枢纽内部商业模式可接受程度非常高，可以考虑增加商业步道。

4. 建立大型复杂项目建筑策划群决策数据库

数据库技术是目前计算机行业最为重要的技术之一，本书对于大量的问卷信息，采用 mysql 数据库进行存储和汇总，数据库的插入和选择示例如图 7-54 所示。

上述程序建立了决策群体——政府中的一个主体换乘方式偏好的表，每个项目都通过 0/1 取值来表示该主体是否选择该种换乘方式。

通过计算机数据库能够进行多次的插入、删除操作，并且直接计算出样本的偏好数值，大大提高了研究效率。

```
mysql> CREATE TABLE gov_longdist_trans (city_city int(1), long_dist int(1), air int(1));
Query OK, 0 rows affected (0.04 sec)

mysql> insert into gov_longdist_trans values(1, 1, 1);
Query OK, 1 row affected (0.00 sec)

mysql> insert into gov_longdist_trans values(1, 1, 0);
Query OK, 1 row affected (0.00 sec)

mysql> select * from gov_longdist_trans
    -> ;
+-----------+-----------+------+
| city_city | long_dist | air  |
+-----------+-----------+------+
|         1 |         1 |    1 |
|         1 |         1 |    0 |
+-----------+-----------+------+
2 rows in set (0.00 sec)
```

图 7-54 决策群体——政府的一个主体的换乘偏好数据库

7.6.4 上海工人新村原居安老改造设计

工人新村作为上海市传统住区的典型代表，其分布范围广，社区内老年人比例高，老年人居住条件和环境设施落后，相关的老年服务欠缺，对其进行适老改造是必然的趋势。运用建筑策划群决策的科学理性决策方法进行改造策划，以多相关利益群体的参与实态调研为基础，以建筑策划群决策计算机平台为工具，将杨浦区工人新村作为主要研究对象，通过理性分析得出其适老化改造的策划导则。

1. 工人新村分布和研究范围

上海工人新村是新中国成立后政府为解决工人居住问题，以公房的形式，按照统一分配模式建造的住宅社区。1951 年，普陀区曹杨新村作为上海的第一个工人新村，1952 年，上海提出“二万户工房”的政策，开始全面兴建为工人居住的住宅。到现在，上海工人新村经过不同时期的改扩建后，集中分布于杨浦区，虹口区、宝山区、普陀区、长宁区、徐汇区、闸北区和浦东新区。其中，杨浦区是上海市工人新村分布数量最多，同时也是老年人数量最多的区域。

2. 适老改造决策主体和决策对象

运用建筑策划群决策的方法研究适老改造中，分清决策主体的种类，界定决策对象的内容是关键，从而可以开展让不同的决策主体对同一决策对象作出有效决策的过程。

1）适老改造决策主体

建筑策划“群决策”方法中的决策主体是指对某一决策对象进行信息处理与信息反馈的“人”或由人组成的各类团体，主要包括使用者、规划师、策划师、建筑师、政府部门、开发者、投资者，以及其他专家及利益相关的主体。

工人新村适老改造的决策主体界定为 6 类：

（1）Ⅰ类老年人指健康活跃老人，年龄在 60 ~ 69 岁；

（2）Ⅱ类老年人指行动缓慢老人，70 ~ 79 岁；

（3）Ⅲ类老年人指需照顾关怀老人：80 岁及以上。

（4）中青年人指的是年龄在 60 岁以下暂时或长期居住在工人新村的人群，这部分人包括老人的子女辈、老人的孙子孙女辈，以及即将迈入老年的中年人。

（5）政府，即国家权力机关的执行机关，本次研究中，政府机构的代表指的是工人新村的居民委员会和街道老龄办。

（6）专家和学者，本次研究的专家和学者指的是在老龄化研究、适老化建筑改造、城市更新方面的专业和前沿人士。

在群决策计算过程中，每一类决策主体对决策对象的内容作出决策后，需要通过决策权重的调节来进行综合计算。并对各类主体赋予一定的权重值。运用层次分析法中建立递阶层次结构的方法对各决策要素进行分解，针对决策对象的成分和属性建立一套具有普适性的指标，根据这些指标判断各类决策主体对该决策对象的话语权、影响程度、需求程度等等，邀请一定数量的专家进行评分，根据最终的分值比例分配决策权。

2）适老改造决策对象

建筑策划群决策方法中决策对象指的是在建筑策划中，与建筑设计相关的关于功能、形式、经济、时间、生态、文化等各方面的因素，在建筑策划的过程中需要作出决策的对象。建筑策划群决策的决策对象内容，包括功能要素、形象要素、经济要素、时间要素和生态要素五个要素。

工人新村适老改造功能要素：指老年人居住的行为空间适老化设计内容。具体包括客厅适老化设计、卧室适老化设计、卫生间适老化设计、厨房适老化设计、入户空间适老化设计、走廊空间适老化设计、出入口空间适老化设计、楼梯空间适老化设计和加建电梯。

工人新村适老改造形象要素：指老人生活的室外环境及为老人提供的服务。老年人生活的室外环境包括室外开敞空间、步行道路、适老设施（健身器材、休息座椅、无障碍公厕、散步道、安全指示牌、监控设施、墙面绿化、屋顶花园）。适老服务指的是专门为老年人提供的服务，包括老年服务设施（老年活动中心、老年服务中心、托老所、养老院、老年公寓、老年学校）、社区服务（日间照料服务、老人助餐服务、家政等老人上门服务、组织健康知识讲座、组织文化娱乐活动、组织健身锻炼活动）、老有所为服务（做菜展示、志愿者、代养宠物、教育孩子等）。

工人新村适老改造经济要素：指对运营和全寿命费用的考虑，表现为初期预算、运营费用、全寿命费用。表现在工人新村适老改造上，经济指的是改造期间所需的费用预算以及费用来源。费用预算包括加建电梯的费用和整体改造的费用。费用来源指是否全部为政府出资还是小区人员分担一部分费用。

工人新村适老改造时间要素：指历史的影响和现在发生变化的必然性以及对未来的预估，表现为过去、现在、未来。表现在工人新村适老改造上，时间要素指的是对改造的具体时间周期表进行制定。

工人新村适老改造生态要素：指建筑的选址、环境保护、水的使用效率、能源利用效率、资源利用效率、室内空气质量。表现在工人新村上，生态要素指设置菜园（城市农场）、场地选址，室内环境等。

3. 基于建筑策划群决策的工人新村适老改造问题探究

根据决策对象的内容，分别从工人新村住区环境、工人新村住宅单体、老年人适老服务和适老改造经济周期四大类进行问题探究并制定决策问卷（图 7-55）。

图 7-55　工人新村 300 份问卷调研照片

1）针对工人新村住区环境的问卷及群决策结果

工人新村住区环境涉及外部空间适老化尺度、外部空间适老化设施及外部空间适老化品质三类。外部空间适老化尺度又具体分为小区步行道路、单元出入口、室外活动空间。外部空间适老化设施具体指老年人健身活动器材、休息座椅、无障碍公共卫生间、安全指示牌、监控设施。外部空间适老化品质指基于老年人能够安全、舒适的生活基础之上，让老人在居住的精神层面更加愉悦。本书在对外部空间品质提升上提出两点：①增加室外景观小品，如亭子、游廊、花架、水池；②设置菜园，作为城市生态农场的一个实践。

对于住区环境而言，居民的财产性利益成分大于政府公共性利益成分，则居民与政府而言权重倾向于居民，而技术成分大于公共利益成分，则政府与专家而言权重倾向于专家。然后根据建筑策划群决策的主观赋权方式，把Ⅰ类老人（60 ~ 69 岁）、Ⅱ类老人（70 ~ 79 岁）、Ⅲ类老人（80 岁及以上）的权重设为 0.2，中青年人权重设为 0.12，

专家学者权重设为 0.18，政府部门权重设为 0.1，最后输入计算机得出结果（图 7-56、图 7-57）

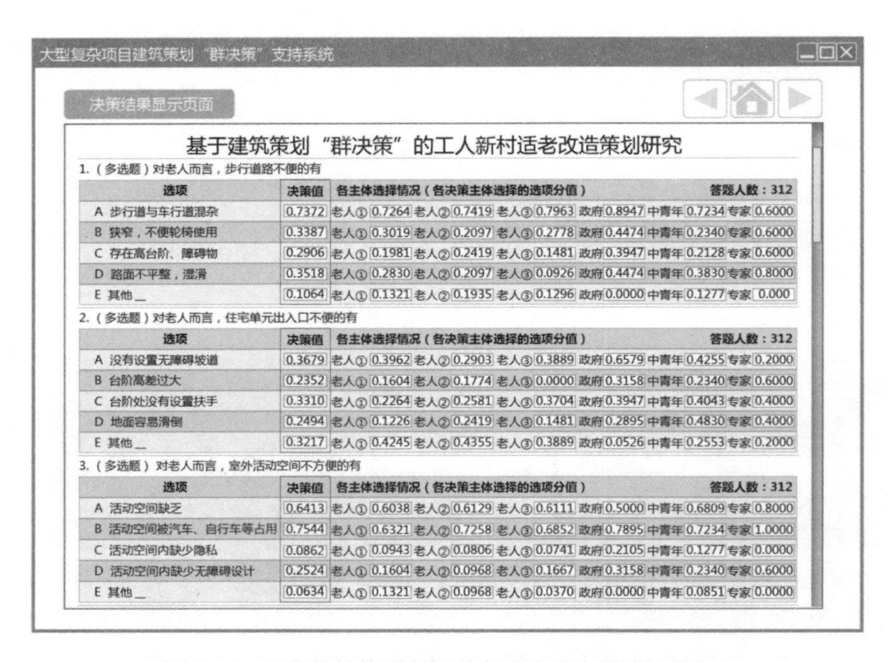

大型复杂项目建筑策划“群决策”支持系统

决策结果显示页面

基于建筑策划“群决策”的工人新村适老改造策划研究

1.（多选题）对老人而言，步行道路不便的有

选项	决策值	各主体选择情况（各决策主体选择的选项分值）					答题人数：312
A 步行道与车行道混杂	0.7372	老人① 0.7264	老人② 0.7419	老人③ 0.7963	政府 0.8947	中青年 0.7234	专家 0.6000
B 狭窄，不便轮椅使用	0.3387	老人① 0.3019	老人② 0.2097	老人③ 0.2778	政府 0.4474	中青年 0.2340	专家 0.6000
C 存在高台阶、障碍物	0.2906	老人① 0.1981	老人② 0.2419	老人③ 0.1481	政府 0.3947	中青年 0.2128	专家 0.6000
D 路面不平整，湿滑	0.3518	老人① 0.2830	老人② 0.2097	老人③ 0.0926	政府 0.4474	中青年 0.3830	专家 0.8000
E 其他＿	0.1064	老人① 0.1321	老人② 0.1935	老人③ 0.1296	政府 0.0000	中青年 0.1277	专家 0.000

2.（多选题）对老人而言，住宅单元出入口不便的有

选项	决策值	各主体选择情况（各决策主体选择的选项分值）					答题人数：312
A 没有设置无障碍坡道	0.3679	老人① 0.3962	老人② 0.2903	老人③ 0.3889	政府 0.6579	中青年 0.4255	专家 0.2000
B 台阶高差过大	0.2352	老人① 0.1604	老人② 0.1774	老人③ 0.0000	政府 0.3158	中青年 0.2340	专家 0.6000
C 台阶处没有设置扶手	0.3310	老人① 0.2264	老人② 0.2581	老人③ 0.3704	政府 0.3947	中青年 0.4043	专家 0.4000
D 地面容易滑倒	0.2494	老人① 0.1226	老人② 0.2419	老人③ 0.1481	政府 0.2895	中青年 0.4830	专家 0.4000
E 其他＿	0.3217	老人① 0.4245	老人② 0.4355	老人③ 0.3889	政府 0.0526	中青年 0.2553	专家 0.2000

3.（多选题）对老人而言，室外活动空间不方便的有

选项	决策值	各主体选择情况（各决策主体选择的选项分值）					答题人数：312
A 活动空间缺乏	0.6413	老人① 0.6038	老人② 0.6129	老人③ 0.6111	政府 0.5000	中青年 0.6809	专家 0.8000
B 活动空间被汽车、自行车等占用	0.7544	老人① 0.6321	老人② 0.7258	老人③ 0.6852	政府 0.7895	中青年 0.7234	专家 1.0000
C 活动空间内缺少隐私	0.0862	老人① 0.0943	老人② 0.0806	老人③ 0.0741	政府 0.2105	中青年 0.1277	专家 0.0000
D 活动空间内缺少无障碍设计	0.2524	老人① 0.1604	老人② 0.0968	老人③ 0.1667	政府 0.3158	中青年 0.2340	专家 0.6000
E 其他＿	0.0634	老人① 0.1321	老人② 0.0968	老人③ 0.0370	政府 0.0000	中青年 0.0851	专家 0.0000

图 7-56　工人新村住区环境适老改造群决策结果显示 1

大型复杂项目建筑策划“群决策”支持系统

决策结果显示页面

基于建筑策划“群决策”的工人新村适老改造策划研究

4.（单选题）是否有必要在工人新村内设置菜园

选项	决策值	各主体选择情况（各决策主体选择的选项分值）					答题人数：312
A 必要，喜欢自己种菜	0.3981	老人① 0.4245	老人② 0.3387	老人③ 0.3889	政府 0.3947	中青年 0.4681	专家 0.4000
B 必要，喜欢和别人一起种菜	0.1006	老人① 0.0849	老人② 0.0323	老人③ 0.0370	政府 0.1842	中青年 0.1277	专家 0.2000
C 不必要，理由＿	0.5014	老人① 0.4906	老人② 0.6290	老人③ 0.5741	政府 0.4211	中青年 0.4043	专家 0.4000

5.（多选题）对老人而言，小区需增加哪些内容

选项	决策值	各主体选择情况（各决策主体选择的选项分值）					答题人数：312
A 健身器材	0.4444	老人① 0.5660	老人② 0.3065	老人③ 0.4074	政府 0.5263	中青年 0.5319	专家 0.4000
B 休息座椅	0.7122	老人① 0.6887	老人② 0.7097	老人③ 0.7037	政府 0.7632	中青年 0.5957	专家 0.8000
C 无障碍公厕	0.2924	老人① 0.2736	老人② 0.2097	老人③ 0.2037	政府 0.4474	中青年 0.3191	专家 0.6000
D 散步道	0.4728	老人① 0.4528	老人② 0.3710	老人③ 0.3148	政府 0.6053	中青年 0.6383	专家 0.4000
E 安全指示牌	0.2773	老人① 0.2642	老人② 0.1613	老人③ 0.1852	政府 0.5000	中青年 0.2766	专家 0.4000
F 监控设施	0.4341	老人① 0.4245	老人② 0.3871	老人③ 0.3519	政府 0.5000	中青年 0.3617	专家 0.6000
G 墙面绿化	0.1699	老人① 0.1698	老人② 0.0645	老人③ 0.1111	政府 0.3421	中青年 0.2553	专家 0.2000
H 屋顶花园	0.1163	老人① 0.1038	老人② 0.0806	老人③ 0.0741	政府 0.1579	中青年 0.1064	专家 0.2000
I 其它＿	0.0646	老人① 0.0472	老人② 0.1452	老人③ 0.0926	政府 0.0000	中青年 0.0638	专家 0.0000

6.（多选题）工人新村内需增加的小品有

选项	决策值	各主体选择情况（各决策主体选择的选项分值）					答题人数：312
A 亭子	0.5790	老人① 0.5377	老人② 0.4677	老人③ 0.6111	政府 0.7105	中青年 0.6383	专家 0.6000
B 游廊	0.4038	老人① 0.3868	老人② 0.3710	老人③ 0.5000	政府 0.3684	中青年 0.3617	专家 0.4000
C 花架	0.3340	老人① 0.3302	老人② 0.3226	老人③ 0.3333	政府 0.4211	中青年 0.4894	专家 0.2000
D 水池	0.1576	老人① 0.2264	老人② 0.1613	老人③ 0.1296	政府 0.1579	中青年 0.3191	专家 0.0000
E 其他＿	0.1902	老人① 0.2264	老人② 0.3065	老人③ 0.1481	政府 0.0526	中青年 0.1064	专家 0.2000

图 7-57　工人新村住区环境适老改造群决策结果显示 2

2）针对工人新村住宅单体的群决策结果显示

工人新村住宅单体主要包括客厅适老化设计、卧室适老化设计、卫生间适老化设计、厨房适老化设计、入户空间适老化设计、走廊空间适老化设计、出入口空间适老化设计、楼梯空间适老化设计和加建电梯。笔者通过已有研究成果及相关规范，最终以问卷的形式呈现如下：

大型复杂项目建筑策划"群决策"支持系统

决策结果显示页面

基于建筑策划"群决策"的工人新村适老改造策划研究

1.（多选题）老年人住所，对入户空间的需求

选项	决策值	各主体选择情况（各决策主体选择的选项分值）					答题人数：312
		老人①	老人②	老人③	政府	中青年	专家
A 户门内设更衣、换鞋设施	0.4651	0.5472	0.3548	0.4815	0.5000	0.5532	0.4000
B 户门内设坐凳、扶手	0.6129	0.4528	0.4194	0.5926	0.7105	0.5745	1.0000
C 户门口设暂放物品的设施	0.4380	0.3491	0.3871	0.2407	0.5263	0.3830	0.8000
D 其他＿	0.1187	0.1604	0.2581	0.1111	0.0000	0.1064	0.0000

2.（多选题）老年人住所，客厅存在的问题

选项	决策值	各主体选择情况（各决策主体选择的选项分值）					答题人数：312
		老人①	老人②	老人③	政府	中青年	专家
A 通风不畅	0.3318	0.2075	0.3065	0.2407	0.5526	0.4468	0.4000
B 采光不足	0.4779	0.4245	0.4839	0.4074	0.7632	0.5532	0.4000
C 沙发到电视一侧宽度太窄	0.2265	0.2642	0.1935	0.0926	0.4474	0.2979	0.2000
D 墙体转角圆滑处理	0.1966	0.0943	0.1774	0.0926	0.2368	0.2340	0.4000
E 与居室间存在高差	0.0968	0.0660	0.0645	0.0556	0.2105	0.0213	0.2000
F 其他＿	0.3390	0.4151	0.3387	0.5556	0.1053	0.2553	0.2000

3.（多选题）老年人住所，卧室应该如何完善

选项	决策值	各主体选择情况（各决策主体选择的选项分值）					答题人数：312
		老人①	老人②	老人③	政府	中青年	专家
A 增加扶手	0.4094	0.5000	0.3871	0.3704	0.6316	0.4894	0.2000
B 设护理空间	0.2789	0.2547	0.2258	0.3333	0.3421	0.3830	0.2000
C 增加床位	0.1338	0.1698	0.1452	0.1852	0.1842	0.1277	0.0000
D 设轮椅空间	0.3548	0.2075	0.2097	0.2222	0.4211	0.3404	0.8000
E 设起夜灯	0.6107	0.4811	0.4516	0.4444	0.7105	0.7021	1.0000
F 其他＿	0.1451	0.2170	0.2258	0.1667	0.0789	0.1277	0.5804

图 7-58　工人新村住宅单体适老改造群决策结果显示 1

大型复杂项目建筑策划"群决策"支持系统

决策结果显示页面

基于建筑策划"群决策"的工人新村适老改造策划研究

4.（多选题）老年人住所，卫生间需要如何调整

选项	决策值	各主体选择情况（各决策主体选择的选项分值）					答题人数：312
		老人①	老人②	老人③	政府	中青年	专家
A 浴盆便器旁设置扶手坐凳	0.6584	0.5943	0.5323	0.6296	0.7632	0.7234	0.8000
B 卫生间能与卧室相通	0.3385	0.2830	0.2258	0.2407	0.4737	0.2766	0.6000
C 地面防滑处理	0.6583	0.5849	0.6290	0.5556	0.7105	0.7447	0.8000
D 卫生洁具高度降低	0.1273	0.1981	0.1452	0.1111	0.2368	0.1064	0.0000
E 双向的开启门	0.2049	0.1132	0.1290	0.1111	0.3158	0.2553	0.4000
F 方便轮椅使用	0.2765	0.1509	0.0968	0.1667	0.4474	0.3404	0.6000
G 其他＿	0.0666	0.1321	0.0806	0.0556	0.0526	0.0638	0.0000

5.（多选题）老年人住所，厨房需要如何改善

选项	决策值	各主体选择情况（各决策主体选择的选项分值）					答题人数：312
		老人①	老人②	老人③	政府	中青年	专家
A 降低操作台、吊柜高度	0.4237	0.3774	0.2903	0.3148	0.6053	0.4894	0.6000
B 增加操作台照明	0.4527	0.3868	0.2903	0.2963	0.5789	0.4881	0.8000
C 地面防滑处理	0.6416	0.5566	0.5323	0.4815	0.6579	0.6809	1.0000
D 方便轮椅使用	0.3102	0.1792	0.1452	0.1667	0.6316	0.3404	0.6000
E 其他＿	0.1750	0.1981	0.3065	0.2407	0.1316	0.1064	0.0000

6.（单选题）老年人住所，保姆间的意见

选项	决策值	各主体选择情况（各决策主体选择的选项分值）					答题人数：312
		老人①	老人②	老人③	政府	中青年	专家
A 房间内隔出一个保姆间	0.1627	0.1226	0.0484	0.1111	0.4474	0.2128	0.2000
B 其他房间改造成保姆间	0.2137	0.1509	0.0323	0.1111	0.2895	0.1489	0.6000
C 不需要保姆间	0.6236	0.7264	0.9194	0.7778	0.2632	0.6383	0.2000

图 7-59　工人新村住宅单体适老改造群决策结果显示 2

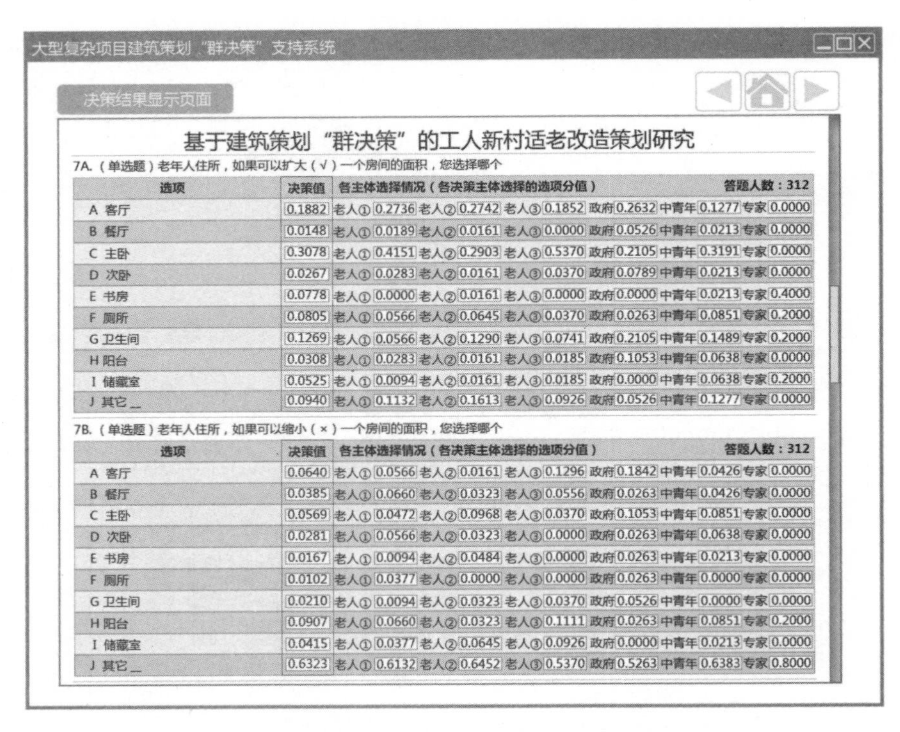

大型复杂项目建筑策划“群决策”支持系统

决策结果显示页面

基于建筑策划“群决策”的工人新村适老改造策划研究

7A.（单选题）老年人住所，如果可以扩大（√）一个房间的面积，您选择哪个

各主体选择情况（各决策主体选择的选项分值） 答题人数：312

选项	决策值	老人①	老人②	老人③	政府	中青年	专家
A 客厅	0.1882	0.2736	0.2742	0.1852	0.2632	0.1277	0.0000
B 餐厅	0.0148	0.0189	0.0161	0.0000	0.0526	0.0213	0.0000
C 主卧	0.3078	0.4151	0.2903	0.5370	0.2105	0.3191	0.0000
D 次卧	0.0267	0.0283	0.0161	0.0370	0.0789	0.0213	0.0000
E 书房	0.0778	0.0000	0.0161	0.0000	0.0000	0.0213	0.4000
F 厕所	0.0805	0.0566	0.0645	0.0370	0.0263	0.0851	0.2000
G 卫生间	0.1269	0.0566	0.1290	0.0741	0.2105	0.1489	0.2000
H 阳台	0.0308	0.0283	0.0161	0.0185	0.1053	0.0638	0.0000
I 储藏室	0.0525	0.0094	0.0161	0.0185	0.0000	0.0638	0.2000
J 其它__	0.0940	0.1132	0.1613	0.0926	0.0526	0.1277	0.0000

7B.（单选题）老年人住所，如果可以缩小（×）一个房间的面积，您选择哪个

各主体选择情况（各决策主体选择的选项分值） 答题人数：312

选项	决策值	老人①	老人②	老人③	政府	中青年	专家
A 客厅	0.0640	0.0566	0.0161	0.1296	0.1842	0.0426	0.0000
B 餐厅	0.0385	0.0660	0.0323	0.0556	0.0263	0.0426	0.0000
C 主卧	0.0569	0.0472	0.0968	0.0370	0.1053	0.0851	0.0000
D 次卧	0.0281	0.0566	0.0323	0.0000	0.0263	0.0638	0.0000
E 书房	0.0167	0.0094	0.0484	0.0000	0.0263	0.0213	0.0000
F 厕所	0.0102	0.0377	0.0000	0.0000	0.0263	0.0000	0.0000
G 卫生间	0.0210	0.0094	0.0323	0.0370	0.0526	0.0000	0.0000
H 阳台	0.0907	0.0660	0.0323	0.1111	0.0263	0.0851	0.2000
I 储藏室	0.0415	0.0377	0.0645	0.0926	0.0000	0.0213	0.0000
J 其它__	0.6323	0.6132	0.6452	0.5370	0.5263	0.6383	0.8000

图 7-60 工人新村住宅单体适老改造群决策结果显示 3

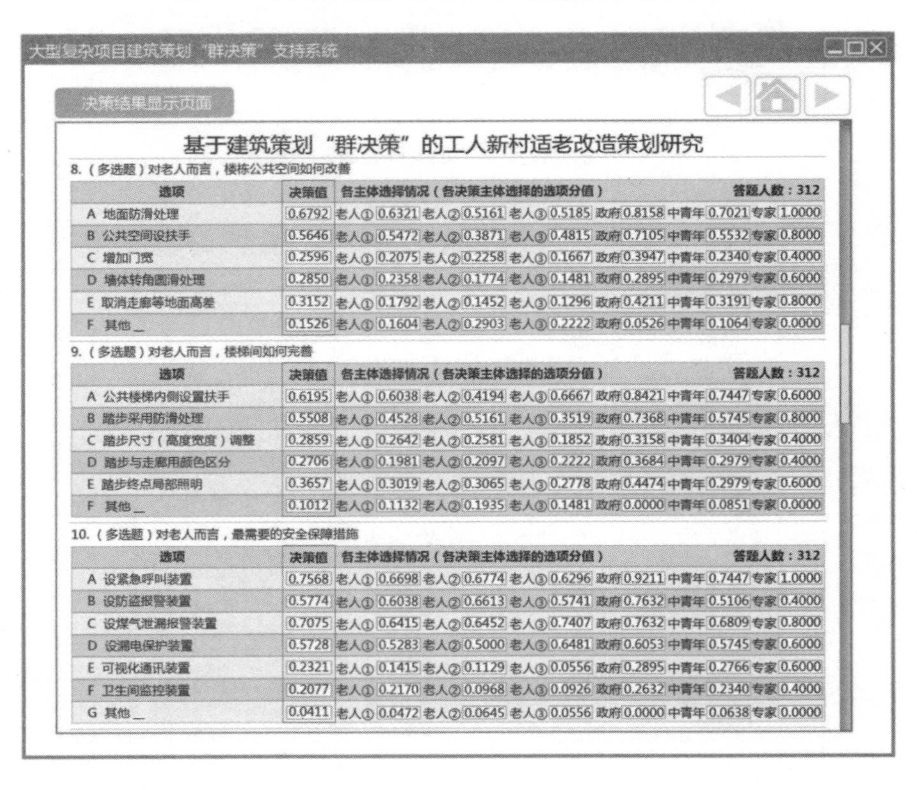

大型复杂项目建筑策划“群决策”支持系统

决策结果显示页面

基于建筑策划“群决策”的工人新村适老改造策划研究

8.（多选题）对老人而言，楼栋公共空间如何改善

各主体选择情况（各决策主体选择的选项分值） 答题人数：312

选项	决策值	老人①	老人②	老人③	政府	中青年	专家
A 地面防滑处理	0.6792	0.6321	0.5161	0.5185	0.8158	0.7021	1.0000
B 公共空间设扶手	0.5646	0.5472	0.3871	0.4815	0.7105	0.5532	0.8000
C 增加门宽	0.2596	0.2075	0.2258	0.1667	0.3947	0.2340	0.4000
D 墙体转角圆滑处理	0.2850	0.2358	0.1774	0.1481	0.2895	0.2979	0.6000
E 取消走廊等地面高差	0.3152	0.1792	0.1452	0.1296	0.4211	0.3191	0.8000
F 其他__	0.1526	0.1604	0.2903	0.2222	0.0526	0.1064	0.0000

9.（多选题）对老人而言，楼梯间如何完善

各主体选择情况（各决策主体选择的选项分值） 答题人数：312

选项	决策值	老人①	老人②	老人③	政府	中青年	专家
A 公共楼梯内侧设置扶手	0.6195	0.6038	0.4194	0.6667	0.8421	0.7447	0.6000
B 踏步采用防滑处理	0.5508	0.4528	0.5161	0.3519	0.7368	0.5745	0.8000
C 踏步尺寸（高度宽度）调整	0.2859	0.2642	0.2581	0.1852	0.3158	0.3404	0.4000
D 踏步与走廊用颜色区分	0.2706	0.1981	0.2097	0.2222	0.3684	0.2979	0.4000
E 踏步终点局部照明	0.3657	0.3019	0.3065	0.2778	0.4474	0.2979	0.6000
F 其他__	0.1012	0.1132	0.1935	0.1481	0.0000	0.0851	0.0000

10.（多选题）对老人而言，最需要的安全保障措施

各主体选择情况（各决策主体选择的选项分值） 答题人数：312

选项	决策值	老人①	老人②	老人③	政府	中青年	专家
A 设紧急呼叫装置	0.7568	0.6698	0.6774	0.6296	0.9211	0.7447	1.0000
B 设防盗报警装置	0.5774	0.6038	0.6613	0.5741	0.7632	0.5106	0.4000
C 设煤气泄漏报警装置	0.7075	0.6415	0.6452	0.7407	0.7632	0.6809	0.8000
D 设漏电保护装置	0.5728	0.5283	0.5000	0.6481	0.6053	0.5745	0.6000
E 可视化通讯装置	0.2321	0.1415	0.1129	0.0556	0.2895	0.2766	0.6000
F 卫生间监控装置	0.2077	0.2170	0.0968	0.0926	0.2632	0.2340	0.4000
G 其他__	0.0411	0.0472	0.0645	0.0556	0.0000	0.0638	0.0000

图 7-61 工人新村住宅单体适老改造群决策结果显示 4

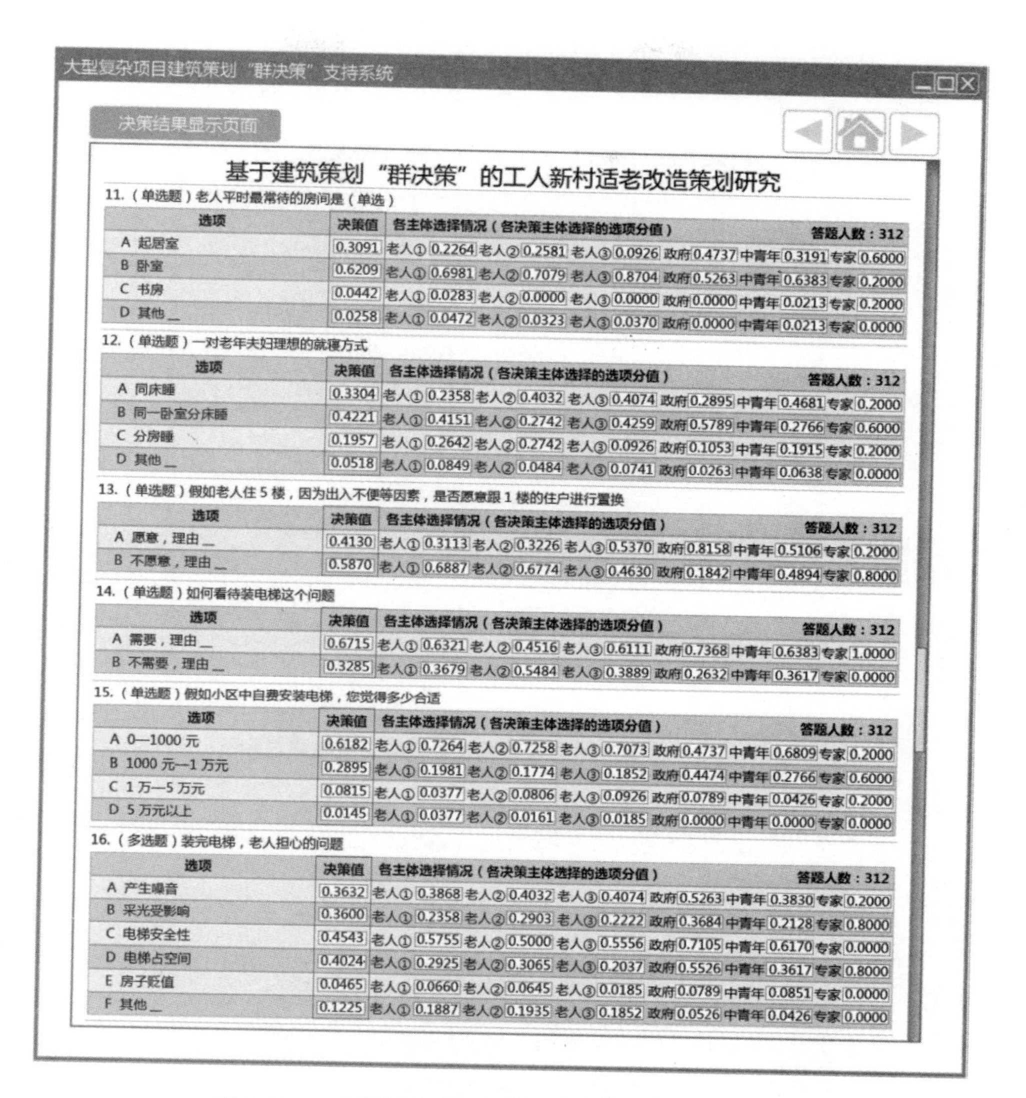

大型复杂项目建筑策划“群决策”支持系统

决策结果显示页面

基于建筑策划“群决策”的工人新村适老改造策划研究

11.（单选题）老人平时最常待的房间是（单选）

选项	决策值	各主体选择情况（各决策主体选择的选项分值）					答题人数：312
		老人①	老人②	老人③	政府	中青年	专家
A 起居室	0.3091	0.2264	0.2581	0.0926	0.4737	0.3191	0.6000
B 卧室	0.6209	0.6981	0.7079	0.8704	0.5263	0.6383	0.2000
C 书房	0.0442	0.0283	0.0000	0.0000	0.0000	0.0213	0.2000
D 其他 _	0.0258	0.0472	0.0323	0.0370	0.0000	0.0213	0.0000

12.（单选题）一对老年夫妇理想的就寝方式

选项	决策值	各主体选择情况（各决策主体选择的选项分值）					答题人数：312
		老人①	老人②	老人③	政府	中青年	专家
A 同床睡	0.3304	0.2358	0.4032	0.4074	0.2895	0.4681	0.2000
B 同一卧室分床睡	0.4221	0.4151	0.2742	0.4259	0.5789	0.2766	0.6000
C 分房睡	0.1957	0.2642	0.2742	0.0926	0.1053	0.1915	0.2000
D 其他 _	0.0518	0.0849	0.0484	0.0741	0.0263	0.0638	0.0000

13.（单选题）假如老人住 5 楼，因为出入不便等因素，是否愿意跟 1 楼的住户进行置换

选项	决策值	各主体选择情况（各决策主体选择的选项分值）					答题人数：312
		老人①	老人②	老人③	政府	中青年	专家
A 愿意，理由 _	0.4130	0.3113	0.3226	0.5370	0.8158	0.5106	0.2000
B 不愿意，理由 _	0.5870	0.6887	0.6774	0.4630	0.1842	0.4894	0.8000

14.（单选题）如何看待装电梯这个问题

选项	决策值	各主体选择情况（各决策主体选择的选项分值）					答题人数：312
		老人①	老人②	老人③	政府	中青年	专家
A 需要，理由 _	0.6715	0.6321	0.4516	0.6111	0.7368	0.6383	1.0000
B 不需要，理由 _	0.3285	0.3679	0.5484	0.3889	0.2632	0.3617	0.0000

15.（单选题）假如小区中自费安装电梯，您觉得多少合适

选项	决策值	各主体选择情况（各决策主体选择的选项分值）					答题人数：312
		老人①	老人②	老人③	政府	中青年	专家
A 0—1000 元	0.6182	0.7264	0.7258	0.7073	0.4737	0.6809	0.2000
B 1000 元—1 万元	0.2895	0.1981	0.1774	0.1852	0.4474	0.2766	0.6000
C 1 万—5 万元	0.0815	0.0377	0.0806	0.0926	0.0789	0.0426	0.2000
D 5 万元以上	0.0145	0.0377	0.0161	0.0185	0.0000	0.0000	0.0000

16.（多选题）装完电梯，老人担心的问题

选项	决策值	各主体选择情况（各决策主体选择的选项分值）					答题人数：312
		老人①	老人②	老人③	政府	中青年	专家
A 产生噪音	0.3632	0.3868	0.4032	0.4074	0.5263	0.3830	0.2000
B 采光受影响	0.3600	0.2358	0.2903	0.2222	0.3684	0.2128	0.8000
C 电梯安全性	0.4543	0.5755	0.5000	0.5556	0.7105	0.6170	0.0000
D 电梯占空间	0.4024	0.2925	0.3065	0.2037	0.5526	0.3617	0.8000
E 房子贬值	0.0465	0.0660	0.0645	0.0185	0.0789	0.0851	0.0000
F 其他 _	0.1225	0.1887	0.1935	0.1852	0.0526	0.0426	0.0000

图 7-62　工人新村住宅单体适老改造群决策结果显示 5

对于住宅单体而言，居民的财产性利益成分大于政府公共性利益成分，则居民与政府而言权重倾向于居民，而技术成分大于公共利益成分，则政府与专家而言权重倾向于专家。然后根据建筑策划群决策的主观赋权方式，把Ⅰ类老人（60 ~ 69 岁）、Ⅱ类老人（70 ~ 79 岁）、Ⅲ类老人（80 岁及以上）的权重设为 0.2，中青年人权重设为 0.12，专家学者权重设为 0.18，政府部门权重设为 0.1。关于加建电梯和采暖方式选择这两项的决策上，技术成分则远大于公共利益成分，因此这部分的权重确定为Ⅰ类老人（60 ~ 69 岁）、Ⅱ类老人（70 ~ 79 岁）、Ⅲ类老人（80 岁及以上）权重设为 0.2，中青年人权重设为 0.15，专家学者权重设为 0.2，政府部门权重设为 0.05。最后输入计算机得出结果（图 7-63）。

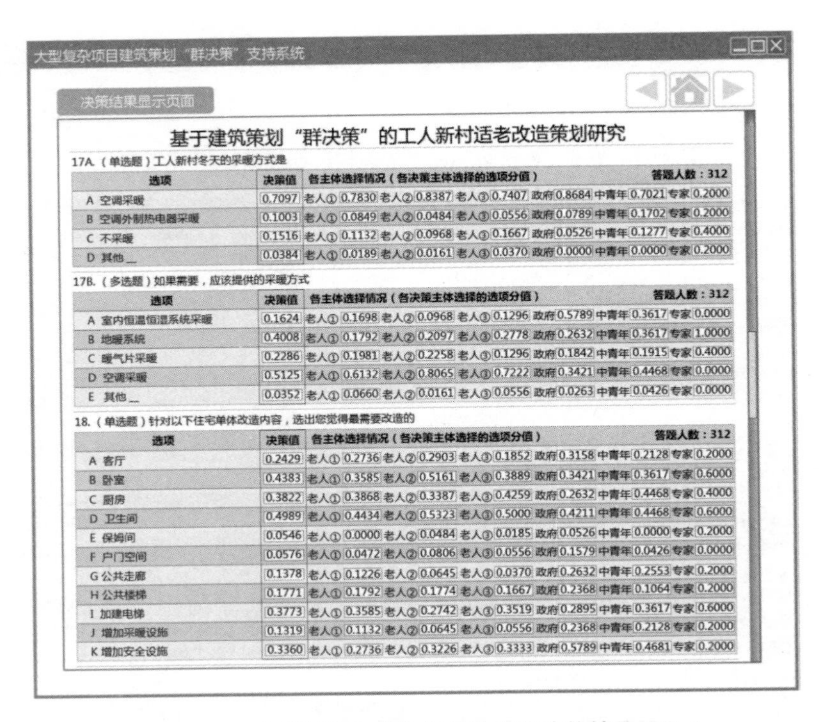

大型复杂项目建筑策划“群决策”支持系统

决策结果显示页面

基于建筑策划“群决策”的工人新村适老改造策划研究

17A.（单选题）工人新村冬天的采暖方式是

选项	决策值	各主体选择情况（各决策主体选择的选项分值）					答题人数：312
A 空调采暖	0.7097	老人① 0.7830	老人② 0.8387	老人③ 0.7407	政府 0.8684	中青年 0.7021	专家 0.2000
B 空调外制热电器采暖	0.1003	老人① 0.0849	老人② 0.0484	老人③ 0.0556	政府 0.0789	中青年 0.1702	专家 0.2000
C 不采暖	0.1516	老人① 0.1132	老人② 0.0968	老人③ 0.1667	政府 0.0526	中青年 0.1277	专家 0.4000
D 其他__	0.0384	老人① 0.0189	老人② 0.0161	老人③ 0.0370	政府 0.0000	中青年 0.0000	专家 0.2000

17B.（多选题）如果需要，应该提供的采暖方式

选项	决策值	各主体选择情况（各决策主体选择的选项分值）					答题人数：312
A 室内恒温恒湿系统采暖	0.1624	老人① 0.1698	老人② 0.0968	老人③ 0.1296	政府 0.5789	中青年 0.3617	专家 0.0000
B 地暖系统	0.4008	老人① 0.1792	老人② 0.2097	老人③ 0.2778	政府 0.2632	中青年 0.3617	专家 1.0000
C 暖气片采暖	0.2286	老人① 0.1981	老人② 0.2258	老人③ 0.1296	政府 0.1842	中青年 0.1915	专家 0.4000
D 空调采暖	0.5125	老人① 0.6132	老人② 0.8065	老人③ 0.7222	政府 0.3421	中青年 0.4468	专家 0.0000
E 其他__	0.0352	老人① 0.0660	老人② 0.0161	老人③ 0.0556	政府 0.0263	中青年 0.0426	专家 0.0000

18.（单选题）针对以下住宅单体改造内容，选出您觉得最需要改造的

选项	决策值	各主体选择情况（各决策主体选择的选项分值）					答题人数：312
A 客厅	0.2429	老人① 0.2736	老人② 0.2903	老人③ 0.1852	政府 0.3158	中青年 0.2128	专家 0.2000
B 卧室	0.4383	老人① 0.3585	老人② 0.5161	老人③ 0.3889	政府 0.3421	中青年 0.3617	专家 0.6000
C 厨房	0.3822	老人① 0.3868	老人② 0.3387	老人③ 0.4259	政府 0.2632	中青年 0.4468	专家 0.4000
D 卫生间	0.4989	老人① 0.4434	老人② 0.5323	老人③ 0.5000	政府 0.4211	中青年 0.4468	专家 0.6000
E 保姆间	0.0546	老人① 0.0000	老人② 0.0484	老人③ 0.0185	政府 0.0526	中青年 0.0000	专家 0.2000
F 户门空间	0.0576	老人① 0.0472	老人② 0.0806	老人③ 0.0556	政府 0.1579	中青年 0.0426	专家 0.0000
G 公共走廊	0.1378	老人① 0.1226	老人② 0.0645	老人③ 0.0370	政府 0.2632	中青年 0.2553	专家 0.2000
H 公共楼梯	0.1771	老人① 0.1792	老人② 0.1774	老人③ 0.1667	政府 0.2368	中青年 0.1064	专家 0.2000
I 加建电梯	0.3773	老人① 0.3585	老人② 0.2742	老人③ 0.3519	政府 0.2895	中青年 0.3617	专家 0.6000
J 增加采暖设施	0.1319	老人① 0.1132	老人② 0.0645	老人③ 0.0556	政府 0.2368	中青年 0.2128	专家 0.2000
K 增加安全设施	0.3360	老人① 0.2736	老人② 0.3226	老人③ 0.3333	政府 0.5789	中青年 0.4681	专家 0.2000

图 7-63　工人新村住宅单体适老改造群决策结果显示 6

大型复杂项目建筑策划“群决策”支持系统

决策结果显示页面

基于建筑策划“群决策”的工人新村适老改造策划研究

1.（多选题）小区周边为老人服务的设施有

选项	决策值	各主体选择情况（各决策主体选择的选项分值）					答题人数：312
A 老年活动中心	0.9475	老人① 0.9245	老人② 0.9355	老人③ 0.9630	政府 0.9473	中青年 0.9362	专家 1.0000
B 老年服务中心	0.3784	老人① 0.3679	老人② 0.2408	老人③ 0.1852	政府 0.6053	中青年 0.4255	专家 0.4000
C 托老所	0.2140	老人① 0.1321	老人② 0.5625	老人③ 0.1481	政府 0.4737	中青年 0.1702	专家 0.2000
D 养老院	0.2826	老人① 0.2358	老人② 0.5156	老人③ 0.4630	政府 0.3684	中青年 0.2340	专家 0.0000
E 老年公寓	0.0588	老人① 0.0189	老人② 0.5813	老人③ 0.0370	政府 0.1579	中青年 0.1064	专家 0.0000
F 老年学校	0.2978	老人① 0.2642	老人② 0.5844	老人③ 0.1667	政府 0.5789	中青年 0.2128	专家 0.4000
G 其他__	0.0302	老人① 0.0283	老人② 0.2156	老人③ 0.0185	政府 0.0263	中青年 0.0000	专家 0.0000

2.（多选题）社区应该给老人提供的服务

选项	决策值	各主体选择情况（各决策主体选择的选项分值）					答题人数：312
A 日间照料服务	0.5809	老人① 0.4623	老人② 0.2903	老人③ 0.6111	政府 0.8158	中青年 0.5106	专家 1.0000
B 老人助餐服务	0.5886	老人① 0.5755	老人② 0.4516	老人③ 0.6481	政府 0.7632	中青年 0.4681	专家 0.6000
C 家政、助医护理等上门服务	0.6094	老人① 0.5472	老人② 0.5000	老人③ 0.5741	政府 0.6316	中青年 0.5957	专家 1.0000
D 组织健康知识讲座	0.3576	老人① 0.3868	老人② 0.4677	老人③ 0.1661	政府 0.5000	中青年 0.3617	专家 0.2000
E 组织文化娱乐活动	0.4078	老人① 0.5094	老人② 0.6290	老人③ 0.2407	政府 0.4211	中青年 0.4681	专家 0.0000
F 组织健身锻炼活动	0.5073	老人① 0.5094	老人② 0.5806	老人③ 0.2407	政府 0.5263	中青年 0.5532	专家 0.8000
G 其他__	0.0435	老人① 0.0472	老人② 0.0968	老人③ 0.0370	政府 0.0263	中青年 0.0213	专家 0.0000

图 7-64　工人新村适老服务群决策结果显示 1

3）针对工人新村适老服务的群决策结果

工人新村的适老服务的决策对象设计涉及 3 点：①适老服务设施；②居家养老服务；③老有所为服务。笔者从适老服务设施的内容配置，居家养老服务内容的总结，老有所为活动的设想三方面进行问题的探究。

对于适老服务而言，居民的财产性利益成分大于政府公共性利益成分，则居民与政府而言权重倾向于居民，而公共利益成分大于技术成分，则政府与专家而言权重倾向于政府。然后根据建筑策划群决策的主观赋权方式，把Ⅰ类老人（60 ~ 69 岁）、Ⅱ类老人（70 ~ 79 岁）、Ⅲ类老人（80 岁及以上）的权重设为 0.2，中青年人权重设为 0.12，专家学者权重设为 0.1，政府部门权重设为 0.18，最后输入计算机得出结果（图 7-63，图 7-65）。

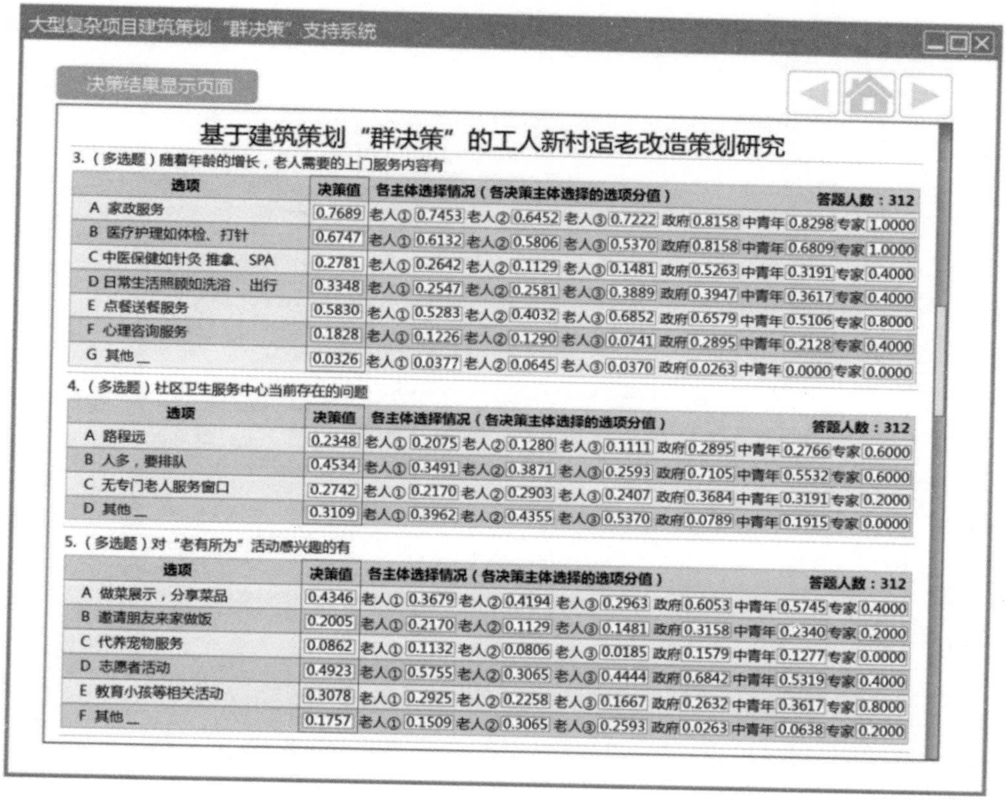

大型复杂项目建筑策划“群决策”支持系统

决策结果显示页面

基于建筑策划“群决策”的工人新村适老改造策划研究

3.（多选题）随着年龄的增长，老人需要的上门服务内容有

选项	决策值	各主体选择情况（各决策主体选择的选项分值）					答题人数：312
		老人①	老人②	老人③	政府	中青年	专家
A 家政服务	0.7689	0.7453	0.6452	0.7222	0.8158	0.8298	1.0000
B 医疗护理如体检、打针	0.6747	0.6132	0.5806	0.5370	0.8158	0.6809	1.0000
C 中医保健如针灸 推拿、SPA	0.2781	0.2642	0.1129	0.1481	0.5263	0.3191	0.4000
D 日常生活照顾如洗浴 、出行	0.3348	0.2547	0.2581	0.3889	0.3947	0.3617	0.4000
E 点餐送餐服务	0.5830	0.5283	0.4032	0.6852	0.6579	0.5106	0.8000
F 心理咨询服务	0.1828	0.1226	0.1290	0.0741	0.2895	0.2128	0.4000
G 其他__	0.0326	0.0377	0.0645	0.0370	0.0263	0.0000	0.0000

4.（多选题）社区卫生服务中心当前存在的问题

选项	决策值	各主体选择情况（各决策主体选择的选项分值）					答题人数：312
		老人①	老人②	老人③	政府	中青年	专家
A 路程远	0.2348	0.2075	0.1280	0.1111	0.2895	0.2766	0.6000
B 人多，要排队	0.4534	0.3491	0.3871	0.2593	0.7105	0.5532	0.6000
C 无专门老人服务窗口	0.2742	0.2170	0.2903	0.2407	0.3684	0.3191	0.2000
D 其他__	0.3109	0.3962	0.4355	0.5370	0.0789	0.1915	0.0000

5.（多选题）对“老有所为”活动感兴趣的有

选项	决策值	各主体选择情况（各决策主体选择的选项分值）					答题人数：312
		老人①	老人②	老人③	政府	中青年	专家
A 做菜展示，分享菜品	0.4346	0.3679	0.4194	0.2963	0.6053	0.5745	0.4000
B 邀请朋友来家做饭	0.2005	0.2170	0.1129	0.1481	0.3158	0.2340	0.2000
C 代养宠物服务	0.0862	0.1132	0.0806	0.0185	0.1579	0.1277	0.0000
D 志愿者活动	0.4923	0.5755	0.3065	0.4444	0.6842	0.5319	0.4000
E 教育小孩等相关活动	0.3078	0.2925	0.2258	0.1667	0.2632	0.3617	0.8000
F 其他__	0.1757	0.1509	0.3065	0.2593	0.0263	0.0638	0.2000

图 7-65　工人新村适老服务群决策结果显示 2

4）针对工人新村适老改造经济周期的群决策结果显示

工人新村适老改造项目的经济来源和改造时间也需要进行策划，通过“群决策”的方式得出策划结果。改造的经费包括项目的初期预算、项目实施的费用、项目后续维护的费用，在“群决策”问卷中主要围绕项目费用的来源和居民出钱多少这两方面，并对改造期间的住宿问题进行了调查。改造时间是指对改造内容从实施到完成所需的时间。笔者从具体改造的时间、改造期间的住宿问题、改造的资金来源和改造经费出资多少进行问题探究。

对于经济周期而言，居民的财产性利益成分和政府公共性利益成分相差不大，而利益成分大于技术成分，则居民和政府与专家而言权重倾向于居民和政府。然后根据建筑策划群决策的主观赋权方式，把Ⅰ类老人（60 ~ 69岁）、Ⅱ类老人（70 ~ 79岁）、Ⅲ类老人（80岁及以上）的权重设为0.15，中青年人权重设为0.15，专家学者权重设为0.1，政府部门权重设为0.3，最后输入计算机得出结果（图7-66）

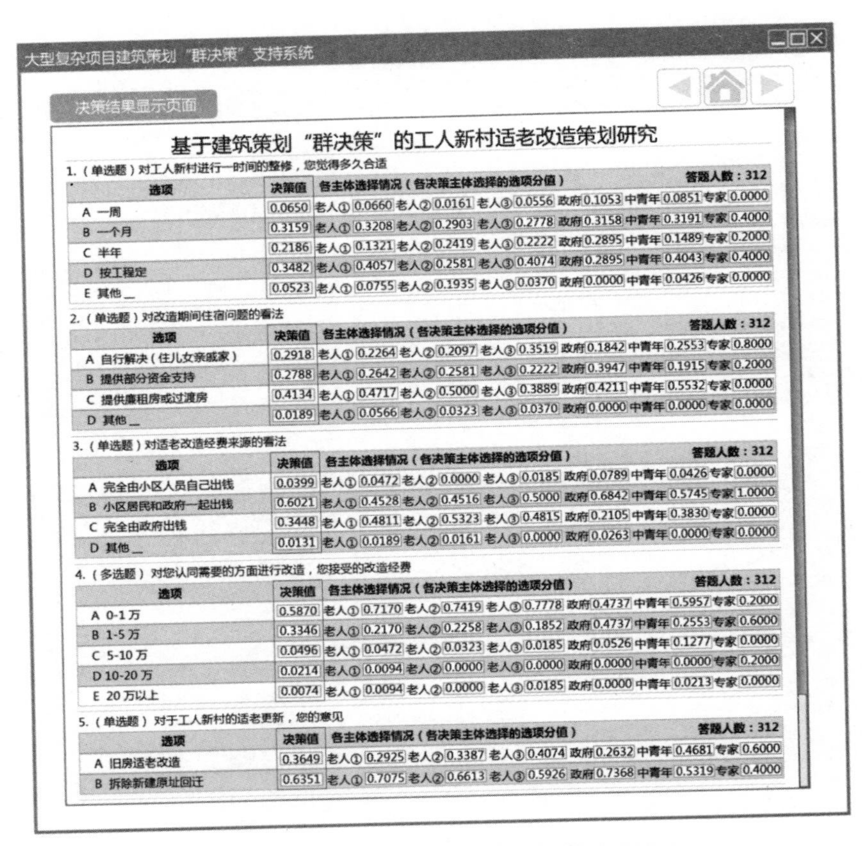
大型复杂项目建筑策划“群决策”支持系统

决策结果显示页面

基于建筑策划“群决策”的工人新村适老改造策划研究

1.（单选题）对工人新村进行一时间的整修，您觉得多久合适

答题人数：312

选项	决策值	老人①	老人②	老人③	政府	中青年	专家
A 一周	0.0650	0.0660	0.0161	0.0556	0.1053	0.0851	0.0000
B 一个月	0.3159	0.3208	0.2903	0.2778	0.3158	0.3191	0.4000
C 半年	0.2186	0.1321	0.2419	0.2222	0.2895	0.1489	0.2000
D 按工程定	0.3482	0.4057	0.2581	0.4074	0.2895	0.4043	0.4000
E 其他＿	0.0523	0.0755	0.1935	0.0370	0.0000	0.0426	0.0000

2.（单选题）对改造期间住宿问题的看法

答题人数：312

选项	决策值	老人①	老人②	老人③	政府	中青年	专家
A 自行解决（住儿女亲戚家）	0.2918	0.2264	0.2097	0.3519	0.1842	0.2553	0.8000
B 提供部分资金支持	0.2788	0.2642	0.2581	0.2222	0.3947	0.1915	0.2000
C 提供廉租房或过渡房	0.4134	0.4717	0.5000	0.3889	0.4211	0.5532	0.0000
D 其他＿	0.0189	0.0566	0.0323	0.0370	0.0000	0.0000	0.0000

3.（单选题）对适老改造经费来源的看法

答题人数：312

选项	决策值	老人①	老人②	老人③	政府	中青年	专家
A 完全由小区人员自己出钱	0.0399	0.0472	0.0000	0.0185	0.0789	0.0426	0.0000
B 小区居民和政府一起出钱	0.6021	0.4528	0.4516	0.5000	0.6842	0.5745	1.0000
C 完全由政府出钱	0.3448	0.4811	0.5323	0.4815	0.2105	0.3830	0.0000
D 其他＿	0.0131	0.0189	0.0161	0.0000	0.0263	0.0000	0.0000

4.（多选题）对您认同需要的方面进行改造，您接受的改造经费

答题人数：312

选项	决策值	老人①	老人②	老人③	政府	中青年	专家
A 0-1万	0.5870	0.7170	0.7419	0.7778	0.4737	0.5957	0.2000
B 1-5万	0.3346	0.2170	0.2258	0.1852	0.4737	0.2553	0.6000
C 5-10万	0.0496	0.0472	0.0323	0.0185	0.0526	0.1277	0.0000
D 10-20万	0.0214	0.0094	0.0000	0.0000	0.0000	0.0000	0.2000
E 20万以上	0.0074	0.0094	0.0000	0.0185	0.0000	0.0213	0.0000

5.（单选题）对于工人新村的适老更新，您的意见

答题人数：312

选项	决策值	老人①	老人②	老人③	政府	中青年	专家
A 旧房适老改造	0.3649	0.2925	0.3387	0.4074	0.2632	0.4681	0.6000
B 拆除新建原址回迁	0.6351	0.7075	0.6613	0.5926	0.7368	0.5319	0.4000

图7-66　工人新村适老改造经济周期群决策结果显示1

4. 杨浦区工人新村适老改造策划结论及导则

杨浦区工人新村适老改造策划导则图则见表7-17所列。

工人新村适老改造策划导则——图则　　表7-17

工人新村住区环境改造			
序号	类别	具体内容	备注
1	步行道路	①人车分流 ②增加停车位 ③释放路面宽度	

续表

2	单元出入口	①设置无障碍坡道 ②设置扶手 ③台阶尺寸调整 ④台阶防滑处理 ⑤设置雨棚	
3	开敞空间	①增加室外活动空间 ②改善现有活动空间	已有空间被占
4	景观小品	①宜设亭子 ②宜设游廊 ③宜设花架	
5	适老设施	①增加休息座椅 ②设置老人散步道 ③增加健身器材 ④安装监控设施 ⑤宜设置无障碍公厕 ⑥宜设置安全指示牌	
6	其他	①宜设置菜园	作为试点

工人新村住宅单体改造

序号	类别	具体内容		备注
1	住宅户内空间	入户空间	①户门内设置坐凳、扶手 ②户门内设更衣、换鞋等设施 ③户门口设暂放物品的设施	
		客厅	①增加客厅采光 ②保证客厅通风 ③墙体转角处宜倒圆角处理	房间可扩大
		卧室	①设起夜灯 ②设置扶手 ③宜设置轮椅使用空间 ④宜设置护理空间	房间可扩大
		厨房	①地面防滑处理 ②增加操作台照明 ③调节操作台、吊柜高度 ④宜考虑轮椅使用	
		卫生间	①浴盆便器旁设置扶手坐凳 ②地面防滑处理 ③宜考虑满足轮椅使用要求 ④宜改善门的开启方式	房间可扩大
2	住宅公共空间	楼栋空间	①地面防滑处理 ②设置扶手 ③取消走廊部分地面高差 ④宜墙体转角圆滑处理 ⑤宜增加入户门宽度	
		楼梯间	①内侧设置扶手 ②踏步防滑处理 ③宜踏步终点局部照明 ④宜踏步尺寸调整 ⑤宜踏步与走廊颜色区分	

续表

3	室内设备	安全保障设备	①设紧急呼叫装置 ②设煤气泄漏报警装置 ③设防盗报警装置 ④设漏电保护装置 ⑤宜设置可视化通信装置 ⑥宜设置卫生间监控装置	
		采暖设备	①安装空调 ②宜采用地暖系统	
4	其他	电梯	①加建电梯	

工人新村适老服务配置

序号	类别	具体内容	备注	
1	适老服务设施	①老年活动中心 ②配置老年服务中心（站） ③配置养老院 ④配置托老所 ⑤宜配置老年学校		老年活动中心已覆盖大部分小区
2	社区服务	（1）上门服务	①提供家政服务 ②提供上门医疗护理服务 ③提供点餐送餐服务 ④宜配置日常生活照顾服务 ⑤宜提供中医保健服务 ⑥宜提供心理咨询服务	
		（2）老人助餐服务 （3）日间照料服务 （4）组织健身锻炼活动 （5）组织文化娱乐活动 （6）组织健康知识讲座		
3	老有所为活动	①组织志愿者活动 ②组织做菜分享活动 ③以“老”育“小”活动		

（注明：本导则没标明宜的都是必须改造内容，宜改造部分需根据实际情况确定是否改造）

杨浦区工人新村适老改造导则——文则见附录B。

第8章 结 语

当前，我国的建设项目越来越多，规模和数量越来越大，但因为缺乏前期科学公平的建筑策划，造成建成效益达不到预期乃至资源浪费的情况。通过对国内外经典建筑策划方法的研究发现，现有的建筑策划方法难以解决前期决策中多方利益群体公平参与的问题，建筑策划群决策理论和方法的提出，构建了一个包含多方利益因素的群决策建筑策划模型，即大型复杂项目的建筑策划群决策模型。特别是在大型复杂项目中，建筑策划是寻求建成效益最大化的首要步骤，而群决策方法和技术的应用是完善建筑策划研究，促进决策科学公平的有效方法。建筑策划群决策模型有助于弥补现有建筑策划理论和方法难以测量多方利益群体参与决策方法的不足，缓解大型复杂项目中资源浪费和多方利益群体共同参与决策的矛盾问题，促进项目前期策划定量化的研究。这一决策模型以结合人工智能的相关技术为目标，利用群决策理论研究基于群决策的建筑策划手段，建立基于群决策的建筑策划信息模型，构造相应的决策准则和群体效应函数，研究模型的智能求解算法，初步建立有效的大型复杂项目建筑策划群决策模型。

建筑策划群决策模型的提出，打破了传统的、以业主为中心的、单一的决策方式；探索了多方利益群体参与决策方法。传统的建筑策划方式是以业主为中心的建筑师作为助手的个人偏好为主体的决策方式，虽然有使用者的参与，但公众和相关利益群体缺乏真正参与的权利和力度。而群决策模型则提出赋予利益相关群体决策权，使得利益相关群体都真正参与到决策中来，多主体的参与，使决策更加公平和科学。

针对传统的建筑策划决策对象，即决策信息矩阵，研究发现了决策信息具有不同的属性，包括决策对象和客观对象、定性分析对象和定性定量分析对象，厘清了它们之间的关系，使得在策划过程中，实施者可以清晰地了解哪些是仅仅影响决策的客观因素，哪些是需要决策主体作出决策的对象，有助于策划时对策划对象具体属性的认识以及研究方法的确定和数据的收集，决策对象与客观对象、定性分析对象与定性定量分析对象四大属性共同构成了大型复杂项目建筑策划对象信息系统的四大基本属性，并形成了信息系统的两对坐标轴。发现了决策强度的概念，强调不同决策因子有强度分别，使得策划结果更加精确。

引入计算机数据分析的方法，使得策划方法上具有创新性：课题组提出了新的策划方式，我们知道建筑策划中包含着巨大的数据信息量，单靠人工无法精准地在短时间内将其集结，传统的策划方式对其束手无策，而计算机数据分析平台及计算机数据库的介入，可以大幅度减小人工录入和查询数据的开销，计算机快速存储的优势在此也能够得到很好的运用，利于建立数据库，同时还可以使分析方法具有通用性和扩展性。而与此同时，线性回归法和模糊综合分析法的介入，促进了定量化决策，使得决策结果更加精准。

建筑策划群决策模型中提出的建筑策划流程不是单一、正向、顺序的过程，而是一个有效的反馈机制，策划这一过程是持续的，它伴随着设计的整个过程，策划结论输出之后，相对而言比较抽象，不直观，不易于被评价，策划结论会体现在设计方案中，安排决策主体对方案进行评价，从而验证策划结论。如果多数决策主体提出与方案相悖的意见，则说明策划结果输出有误，需要检查策划流程，进行相关参数的重新设置，重新运算，得出正确的结果。

本书对当代各建筑策划理论作了一个全面的梳理，再立足于我国国情，促进了建筑策划领域的科学化、定量化研究。本书具有以下创新点：

（1）这是我国首本较为全面介绍当代各具代表性的建筑策划理论，同时又结合我国国情提出创新建筑策划理论的书籍，该书系统完整地从理论到实践对建筑策划进行了介绍，有利于高校学生接受建筑策划教育以及建筑策划的推广。

（2）对建筑策划有关决策问题（决策对象）和决策者（决策主体）的定量化研究，完善了现有建筑策划理论和方法中的决策手段，使得决策更趋科学、理性和公平。

（3）利用相关信息网络技术支持手段，构建由决策对象信息处理需求网络、决策主体信息能力网络，以及具有适应性行为的多主体模型所组成的建筑策划群决策模型，将其运用到实践项目中，实现理论与实践应用的有机结合；

（4）将群决策理论首次引入建筑策划研究，结合复杂性科学和相关交叉学科理论，建立了建筑策划的框架系统和模型算法，相较于传统的、以业主为核心的、单一的建筑策划方法，本书提出的建筑策划群决策方法以一种新的视角优化并发展了建筑策划方法，弥补了传统建筑策划理论和方法难以量化研究多方利益群体参与的不足。

本书立足于建筑策划的理论研究的总结和创新，助力于建筑策划教育的进一步发展，建筑策划及其决策方法既可以为工程实践的前期决策提供科学量化的理性方法，也可为项目的后期评估提供蓝本和参照，抛砖引玉希望更多的学者和同行关注建筑策划的发展。

附录A 上海世博创意婚庆产业园工程建设项目设计导则

A.1 项目概述

A.1.1 项目名称

“上海世博创意婚庆产业园”项目。

A.1.2 基地概况

上海世博创意婚庆产业园项目位于世博浦西园区 D11 地块及其周边地块，东临苗江路，北至龙华东路，西到南北高架路，南临黄浦江，策划与规划设计面积约 53.4 hm^2。该项目分为三期，其中一期 3.6hm^2，二期 22.2hm^2，三期 27.6hm^2。一期地块内部有原江南造船厂机装管子工厂改建的世博期间浦西综合配套服务用房。根据业主的初步定位与市场需求，预计将其改造成婚礼会馆，并附带部分商业。二、三期定位为婚庆产业的相关配套服务行业。婚庆产业园一体策划、规划，分成三期建设。

A.1.3 建设目标

上海世博婚庆产业园的建设目标是，营造一个以婚礼与婚宴为主导的，综合发展相关配套服务行业，形成具有高端品质与综合竞争力的新时代婚庆产业园区。

A.2 方案设计思想与原则

（1）功能：以婚礼与婚宴行业为主导，综合发展相关配套服务行业。同时，婚庆的体验方式多样化。

婚庆产业园的功能场所包括：约会与社交场所、婚礼用品采购场所、婚礼仪式场所、求婚场所、婚前课堂、爱情保鲜场所、家庭建设场所、相亲场所、亲子乐园等。以及相关配套服务功能，如婚庆主题酒吧、爱情主题剧场、婚庆用品超市、创意工作坊、配套酒店等服务功能。

婚礼体验的多样性则包括乘坐气球观看江景、潜艇酒会、直升机空降婚礼等海陆空婚庆体验方式。

（2）形式：以自然因素为主的体现时代精神的生态新建筑。

回归于自然，营造生态的人居环境，符合中国传统的居住思想及时代的审美与观念需求。

（3）时间：分期建设，率先建设利于聚集人气的业态，逐步形成婚庆产业园区。

一期3.6hm^2，以婚庆会馆为主；二期22.2hm^2，三期27.6hm^2，二三期为婚庆配套服务产业。

（4）经济：考虑普通大众婚庆消费的经济水平。

上海世博婚庆产业园面对的是普通大众，以大众的消费能力为基准，打造出功能齐全、品质高、服务范围广、消费水平适当的新一代婚庆产业园。

（5）生态：婚庆产业园的规划设计应体现低碳节能、可持续发展的理念。随着社会的发展，建筑的生态节能环保，是时代的必然要求。将婚庆产业园的人工环境融于自然环境之中，充分体现出人与自然和谐共生的人居理念，由此营造出良好的人居环境，有利于吸引消费人群。

（6）文化：复兴民族文化为体，海纳多元文化为用。

婚庆产业园以中华民族文化为主体，提供汉服文化、饮食文化、民族音乐、书法、诗词、少数民族文化、民间剪纸、民族戏剧、中医养生等文化的体验。同时融合欧美文化、古希腊罗马文化等地区的文化，体现文化的交融与多样性，提供丰富的文化体验，打造强有力的婚庆文化产业园。

A.3 主要建设内容

主要建设内容及规模见附表A-1。

主要建设内容及规模 附表A-1

规划要点及指标			
序号	规划设计要点		内　　容
1	用地性质		婚礼婚庆设施、餐饮、休闲娱乐，以及配套办公、公寓用地等
2	用地范围	用地四至	苗江路、龙华东路、南北高架路、黄浦江
		用地面积	约53.4hm^2，共计801亩
3	建设控制	容积率	≯3.5
		建筑密度	≯40%
		日照间距系数	/
		绿地率	≥30%
		建筑限高	≯100m

续表

规划要点及指标			
序号	规划设计要点		内　　容
4	停车	机动车	公共建筑机动车不少于 100 辆 / 万㎡
		非机动车	非机动车不少于 600 辆 / 万㎡
主要功能及指标			
	主要功能	具体内容	指标（万㎡）
5	相亲场所	相亲场所	11.0
		相亲节目外景拍摄	
6	约会社交场所	主题特色餐厅	23.0
		爱情主题旅馆	
		爱情剧场	
		酒吧	
		KTV	
		饮食 / 舌尖上的中国文化	
		民族的戏剧文化	
		民族音乐	
		书法、诗词文化	
7	特色求婚场所	特色求婚场所	20.5
8	婚前课堂	爱情学校	20.2
		淑女课堂	
		美容健身	
		社会民俗文化	
		少数民族文化	
		中医文化	
9	婚礼用品采购	婚礼超市	21.2
		创意礼品工作室	
10	婚礼仪式场所	特色婚礼婚宴场所	13.1
		结婚仪式堂	
		洞房酒店	
		中国历史汉服风	
		穿越式清宫风	
11	家庭建设场所	家居装潢	18.5
		家具电器	
		家居饰品	

续表

规划要点及指标			
序号	规划设计要点		内　　容
12	亲子乐园	亲子游乐场	15.0
		宝宝百日庆典	
		海底世界	
		创意作坊	
		造船博物馆	
		海陆空军事互动游戏	
13	爱情保鲜场所	生日纪念日 PARTY	7.5
		周年庆典	
		认养鸽子树	
		爱情接力树	
		婚姻咨询	
		婚庆爱情与游艇体验等爱国文化的相结合	
14	其他配套功能	艺术家工作室	1.0
		大学生创业基地	1.0
		SOHO 创意园区	10.0
		配套住宅	25.0
总计			187.0

附录B 杨浦区工人新村适老改造导则

B.1　项目概述

B.1.1　项目名称

“杨浦区工人新村适老改造”项目。

B.1.2　基地概况

目标用地是上海市杨浦区四平街道、延吉街道、控江街道、江浦街道四个街道所辖区的工人新村，包括四平街道鞍山新村、公交新村、同济新村等，延吉街道内江新村、延吉新村、控江新村、友谊新村等，控江街道凤城新村、凤南新村、控江新村等，江浦街道辽源新村、双辽新村等。

B.1.3　改造目标

工人新村适老改造的目标是：为老年人提供安全、舒适的住房室内环境、小区环境和方便快捷的老年服务项目，建设成为符合老年人身心需求的适老小区。

B.2　指导规范

《老年人居住建筑设计标准》GB/T 50340—2003
《老年人建筑设计规范》JGJ 122—99
《城市居住区规划设计规范》GB 50180—93
《城镇老年人设施规划规范》GB 50437—2007
《社区老年人日间照料中心建设标准》建标 143—2010
《老年养护院建设标准》建标 144—2010
《城市居住区规划设计规范》
《上海市城市规划管理技术规定》

B.3　指导思想和原则

（1）以老年人实际需求为出发点。从老年人生理和心理需求出发，结合老年人的居住方式、收入状况等，制定可行的改造方案。

（2）节约资源和成本。对住宅单体而言，外观陈旧而主体结构坚固的住宅，应尽可能在利用原有结构的基础之上进行改造；对环境而言，要充分利用原有的基础设施。

（3）项目周期，需要按照工程的实际状况制定，可以考虑分期改造。在此基础上，尽可能缩短工程实施的周期。

（4）政府、社会慈善机构、开发商和小区居民共同投资建设。在住宅单体和住区环境的改造上，以政府和慈善组织投资为主的保障性改造。在适老服务配置上，可以联合开发商，并结合市场需求，保证项目开发的社会效益、经济效益和环境效益。

（5）改造应该体现生态可持续发展的理念。特别是居住区环境的改造上，自然和人工环境和谐统一，体现人与自然和谐相处的人居理念。独立改造的同时要处理好与周边居住区的关系，为城市的进一步发展（城市更新）留有余地。

B.4　工人新村住区环境适老改造

B.4.1　步行道路改造

（1）人车分流：车行和人行分开设置；宜设置环形车行系统；禁止车行通过宅间道路。

（2）增加停车位：停车位数量按照居民户数决定，停车率不小于 0.6 辆 / 户；人均小汽车停车面积约 0.64~0.75m^2；地上停车不超过 10%；停车位数量与居民住户数比例不宜大于 10%；停车位服务半径不宜大于 150m。

（3）释放路面宽度：路面宽度控制在 6~9m；路面双侧有停车位，则取消一侧的停车位。宜在道路一侧设置老人专用步道。

B.4.2　住宅单元出入口改造

（1）设置无障碍坡道：室内外台阶较小时，出入口台阶由坡道代替；坡道坡度不宜大于 1/12；设直线式坡道，则坡面宽度不小于 1.2m；折返双坡道，坡面宽 1.2m，坡道起点与终点及休息平台深度为 1500；当室内外高差较大设坡道有困难时，出入口前可设升降平台。

（2）设置扶手：扶手应设置于地面上方 700~900mm 高度，设置双层扶手时下层扶手高度宜为 650mm。

（3）台阶尺寸调整：缓坡台阶踏步踢面高不宜大于 120mm，踏面宽不宜小于 380mm。

（4）台阶防滑处理：选择防滑性、耐磨性、坚固性较好的材料。严禁选用光滑、磨光的面料。

（5）设置雨棚：雨棚挑出长度宜超过台阶首级踏步 0.5m 以上。

B.4.3 开敞空间改造

（1）增加老人室外活动空间：室外活动空间设置在小区内外皆可；保证老年人的可达性；考虑活动空间地面、出入口无障碍设计。

（2）已有活动空间改善：禁止车辆停放；禁止私人物品占用如晾衣架等；考虑活动空间地面、出入口无障碍设计。

B.4.4 增加景观小品

（1）宜设置亭子：最好一面有坡道直接与道路或园路相接，满足轮椅使用者的要求；亭子内应设置休息座椅。

（2）宜设置游廊：最好两端都可以直接与道路或园路相连，且要设置扶手。休息区的设置要结合周围景观面的方向。

（3）宜设置花架：宜选用廊式花架，老年人可以进入休息。

（4）不宜设置水池、喷泉等水面景观。

B.4.5 增加绿化面积

（1）增加绿地面积：改造后绿地率不宜低于 25%；且人均公共绿地面积控制在 $3m^2$ 以上。

（2）不推荐墙面绿化和屋顶花园。

（3）可以考虑设置菜园：可选择部分工人新村进行试点设置；设置独立菜园为主，公共菜园为辅。

B.4.6 增加适老设施

（1）增加休息座椅：座椅应布置于老年人常活动的场所；宜选用木制座椅，避免采用钢制、混凝土等硬质座椅；座椅高度控制在 30~40cm，宽度保证在 40~60cm。

（2）设置老人散步道：宜在小区内部独立设置；当小区内部设置困难时，可考虑几个小区合用，设置于小区外。

（3）增加健身器材：应布置于老年人常活动的场所；宜布置于广场、道路、街道、公园。

（4）安装监控设施：住宅出入口、小区出入口以及老年人密集场所必须安装。

（5）宜设置无障碍公厕。

（6）宜设置安全指示牌。

B.5 工人新村住宅单体改造

B.5.1 入户空间改造

（1）户门内设置坐凳、扶手：坐凳长度不宜小于 450mm，深度不宜小于 300mm；扶手应位于座凳前 150~200mm；扶手采用长杆型；选用手感温润表明材料。

（2）户门内宜设更衣、换鞋等设施：衣柜宜采用开敞式衣帽架，挂衣钩高度宜为 1.3~1.6m；鞋柜宜设置台面，高度宜为 850mm；

（3）户门口宜设暂放物品的平台：平台位置宜在门开启侧设置，不应设于门扇背后；平台结合挂钩设置；平台高度宜为 850~900mm；平台边缘宜弧线倒角。

B.5.2 客厅改造

（1）增加采光：宜增大门窗的采光的面积，设置困难时，可考虑使用人工采光。

（2）增加通风：宜增加或扩大窗户的开启扇的数量和面积。

（3）墙体转角处宜倒圆角处理。

（4）客厅宜适当扩大。

B.5.3 卧室改造

（1）安装起夜灯。

（2）设置扶手：扶手贴墙布置；扶手高度宜为 700~900mm，并结合实际使用者身高确定。

（3）宜设置轮椅使用空间：床周边通行宽度宜大于 800mm。

（4）宜设置护理空间。

（5）卧室宜适当扩大。

B.5.4 厨房改造

（1）地面防滑处理：地面选用防滑、防水材料。

（2）增加操作台照明：宜采用人工照明方式为主。

（3）调整操作台、吊柜高度：操作台面高度宜为 0.75~0.85m，宽度宜大于 0.5m，台下净空高度不应小于 0.6m，深度不应小于 0.25m。吊柜高度宜为 1.4~1.5m，柜底离地宜为 1.2m。

（4）宜考虑轮椅使用：根据厨房实际大小确定。

B.5.5 卫生间改造

（1）浴盆便器旁设置扶手坐凳：扶手设置于坐便器、淋浴碰头、浴缸旁；L 形扶手应距坐便器前端 200 ~ 250mm。应设置淋浴坐凳，宜设置盥洗坐凳和更衣坐凳。

（2）地面防滑处理：地面选用防滑、防水材料。湿区局部宜加防滑地垫。

（3）宜考虑满足轮椅使用要求：根据卫生间实际大小确定。

（4）宜改善门的开启方式：宜采用推拉门或外开门方式。

（5）卫生间宜适当扩大。

B.5.6 保姆间

不考虑设置保姆间。

B.5.7 楼栋公共空间改造

（1）地面防滑处理：选用防滑性、耐磨性、坚固性较好的材料。

（2）设置扶手：扶手应连续设置，扶手高度宜为 0.7~0.9m。

（3）取消走廊部分地面高差。

（4）宜墙体转角圆滑处理。

（5）宜增加入户门宽度：户门有效宽度不应小于 1m。

B.5.8 公共楼梯间改造

（1）内侧设置扶手：扶手安装高度为 0.8~0.85m，且应连续设置，并与走廊扶手连接。扶手端部宜水平延伸 0.3m 以上。

（2）踏步防滑处理：用防滑性、耐磨性、坚固性较好的材料。设置防滑条时，不宜突出踏面。

（3）宜踏步终点局部照明。

（4）宜踏步尺寸调整：踏步宽度应大于 0.3m，踏步高度应在 0.13~0.15m 之间。

（5）宜踏步与走廊颜色区分。

B.5.9 安全保障设备

（1）设紧急呼叫装置：应设置于卧室、厨房和卫生间。

（2）设煤气泄漏报警装置：应设置于厨房，宜采用户外报警式。

（3）设防盗报警装置：应设置于卧室和起居室。

（4）设漏电保护装置：设短路保护和漏电保护装置。

（5）宜设置可视化通信装置。

（6）宜设置卫生间监控装置。

B.5.10 采暖设备

（1）应采用空调为主。

（2）宜采用地暖系统：条件允许宜采用集中采暖系统。

B.5.11 电梯加建

宜加建电梯：应保障电梯安全性，降低电梯产生的噪声，尽量避免占用已有的住宅空间，减少安装电梯后对住宅采光的影响。

B.6 工人新村住适老服务配置

B.6.1 老年服务设施配置

（1）配置老年活动中心：配置活动室、阅览室、保健室、室外活动场地等；老年活动中心建筑面积不宜小于 105m^2；室外活动场地面积不宜小于 105m^2。

（2）配置老年服务中心（站）：居住区级配置老年服务中心，小区级配置老年服务站；老年服务中心应附设不少于 35 床位的养老设施，服务中心建筑面积不宜小于 140m^2；老年服务站应配置活动室、保健室、家政服务用房等，服务站建筑面积不宜小于 105m^2，且服务的半径不宜大于 500m。

（3）配置养老院：设置居家式生活起居、餐饮服务、文化娱乐和保健服务用房等；按照最低标准 25m^2/ 人标准配建。

（4）配置托老所：设置休息室、活动室、保健室、餐饮服务用房等，应与老年服务站合并设置；按最低标准 20m^2/ 人标准配建，且托老所建筑面积不宜小于 210m^2。

（5）宜配置老年学校：设置普通教室、多功能教室、专业教室、阅览室及室外活动场地，按照居住区级标准进行设置。

B.6.2 社区服务内容制定

（1）设置家政、助医护理等上门服务：配置家政服务、医疗护理服务、点餐送餐服务；宜配置日常生活照顾服务、中医保健服务和心理咨询服务。

（2）设置老人助餐服务。宜单独设立老年人食堂或餐厅；也可以结合老年服务中心设置；老年餐厅可以考虑结合老年人休闲、活动、娱乐、交流等功能。

（3）设置日间照料服务：结合日间照料中心设置，内容应包括膳食供应、个人照顾、保健康复、休闲娱乐活动，是一项功能齐全的社区居家养老服务新模式。

（4）组织健身锻炼活动：结合老年活动中心和老年大学设置，内容包括太极拳、乒乓球、老年舞蹈、瑜伽等。

（5）组织文化娱乐活动：结合老年活动中心和老年大学设置，内容包括棋牌、书画、摄影、厨艺、唱歌等。

（6）组织健康知识讲座：结合老年活动中心和老年大学设置。

B.6.3 “老有所用”活动

（1）组织志愿者活动。

（2）组织做菜分享活动。

（3）宜组织以“老”育“小”活动。

B.6.4 社区卫生服务中心

卫生服务中心应该根据看病人数重新确定规模和服务窗口数量的设置，并按照不同年龄段设置不同的服务窗口。

B.7 其他

（1）可以考虑对破旧老化的工人新村进行拆除重建。

（2）改造资金来源：居民按实际改造所需费用出资一部分，金额宜控制在5万元之内。

（3）改造期间如果居民需要暂时搬离，对于能解决住房问题的居民，可以是提供部分的资金补助。对于未能解决住房问题的，则考虑提供廉租房或过渡房。

（4）改造时间按照工程进度分配，尽可能缩短改造时间。

参考文献

[1] 安立仁，席酉民．群决策中个人判断能力与投票规则分析 [J]. 人文杂志，2004（5）.

[2] 曹昭．公共选择中“投票悖论”的阐释与修正 [J]. 当代经济，2010（12）.

[3] 陈珽．决策分析 [M]. 北京：科学出版社，1987.

[4] 党耀国，刘思峰，王正新，林益，等．灰色预测与决策模型研究 [M]. 北京：科学出版社，2009.

[5] 韩静．对当代建筑策划方法论的研析与思考 [D]. 北京：清华大学建筑学院，2005.

[6] 梁思思．建筑策划中的预评价与使用后评估的研究 [D]. 北京：清华大学建筑学院，2006.

[7] 刘明广．复杂群决策系统决策与协同优化 [M]. 上海：人民出版社，2009.

[8] 邱菀华．管理决策与应用熵学 [M]. 北京：机械工业出版社，2002.

[9] 孙东川，林福永．系统工程引论 [M]. 北京：清华大学出版社，2005.

[10] 王兆红，邱菀华，梁美容．多指标决策的熵权优化模型在使用后评估中的应用研究 [J] 中国地质大学学报（社会科学版），2006（3）.

[11] 郑路路．基于 SD 法的建筑策划后评价 [D]. 天津：天津大学，2008.

[12] 王兆红，邱菀华，梁美容．建筑使用后评估的熵权优化模型研究 [J]. 北京航空航天大学学报（社会科学版），2006（3）.

[13] 魏存平，邱菀华．群决策基本理论评述 [J]. 北京：北京航空航天大学学报，2000（2）.

[14] 魏存平．群决策中偏好信息集结的理论和应用研究 [D]. 北京航空航天大学，2000.

[15] 徐玖平，陈建中．群决策理论与方法及实现 [M]，北京：清华大学出版社，2009.

[16] 杨雷．群体决策理论与应用 [M]. 北京：经济科学出版社，2004.

[17] 杨善林．复杂决策任务的建模与求解过程 [M]. 北京：科学出版社，2007.

[18] 殷骏，蔡智明．现代决策支持的方法与关键技术分析 [J]. 澳门理工学报，2007（1）.

[19] 张骏，苏光斌．基于 Internet 的多 Agent 群体决策支持系统研究 [J]. 武汉理工大学学报，2004，26（4）.

[20] 张士彬．基于多属性群决策理论的人机交互式评标系统研究 [D]. 济南：山东建筑大学商学院，2012.

[21] 周轩伟．群体决策和多目标决策的若干理论和方法 [D]. 上海：上海大学，2004.

[22] 庄惟敏．建筑策划导论 [M]. 北京：中国水利水电出版社，2000.

[23] 庄惟敏 . 建筑策划与设计 [M]. 北京：中国建筑工业出版社，2016.

[24] 庄惟敏，李道增 . 建筑策划论——设计方法学的探讨 [J]. 建筑学报，1992（7）.

[25] 杨雷，席酉民 . 群体决策的权力与权利指数 [J]. 系统工程，1996（7）.

[26] 庄惟敏 . 从建筑策划到建筑设计 [J]. 新建筑，1997（3）.

[27] 白林，胡绍学 . 建筑计划方法学的探讨——建筑设计的科学方法论研究（一）[J]. 世界建筑，2000（8）.

[28] 周文坤 . 模糊偏好下多目标群体决策的一种客观赋权方法 [J]. 数学的实践与认识，2006（3）.

[29] 张维，梁思思 . 对我国建筑策划发展的分析与思考 [J]. 建筑学报，2006（11）

[30] 涂慧君 . 建筑策划 GFCNP 信息矩阵方法在大学校园规划中的应用实践 [J]. 建筑学报，2007（5）.

[31] 李效梅，黄颖星 . 复杂性科学与建筑 [J]. 重庆建筑大学学报，2007（8）.

[32] 张维，庄惟敏 . 美国建筑策划工具演变研究 [J]. 建筑学报，2008（2）.

[33] 张维，庄惟敏 . 建筑策划操作体系：从理论到实践的实现 [J]. 建筑创作，2008（6）.

[34] 张维，李弘远 . 美国医疗设施建筑策划特点评介 [J]. 华中建筑，2008（10）.

[35] 连菲，邹广天 . 可拓建筑策划的策略创新 [J]. 城市建筑，2009（11）.

[36] 苏实，庄惟敏 . 建筑策划中的空间预测与空间评价研究意义 [J]. 建筑学报，2010（4）.

[37] 邹广天 . 建筑计划学 [M]. 北京：中国建筑工业出版社，2010.

[38] 苏实，庄惟敏 . 试论建筑策划空间预测与评价方法——建筑使用后评价（POE）的前馈 [J]. 新建筑，2011（3）.

[39] 涂慧君 . 大型复杂项目建筑策划“群决策”理论与方法初探 [C]//2012 建筑学会年会，2012.

[40] 涂慧君 . 陈卓 . 大型复杂项目建筑策划“群决策”的计算机数据分析方法研究 [J]. 建筑学报，2015（2）.

[41] 曹亮功 . 建筑策划综述及其案例 [J]. 华中建筑，2004，22（3）35：40.

[42] 曹亮功 . 建筑策划综述及其案例（续）[J]. 华中建筑，2004（4-6），2005（1）.

[43] 建筑计划教材研究会 . 学习建筑计划 [M]. 东京：理工图书，2005.

[44] 简·雅各布斯 . 美国大城市的死与生 [M]. 南京：译林出版社，2006.

[45] 铃木成文 . 建筑计划 [M]. 东京：教出版株式会社，1975.

[46] 前田尚美，佐藤平，高桥公子 . 建筑计划 [M]. 东京：朝仓书店，1987.

[47] Avish B G, Gerdes J. A. Distributed group decision support system[J]. Proceeding IEEE Ttansactions, 1995，27（6）: 722-733.

[48] Bertelsen S, Bridging the gaps:towards a comprehensive understanding of lean construction[C]// Gramado, Brazil, 2002

[49] Bielli M. A DSS approach to urban traffic management[J]. European Journal of Operational

Research, 1992,61（1–2）.

[50] Black D. The theory of committees and elections[M]. Cambridge: Cambridge University Press, 1958.

[51] Carley K M. Computational modeling for reasoning about the social behavior of humans[J]. Computational & Mathematical Organization Theory, 2009, 15（1）: 47–59.

[52] Chen S J, Hwang C L. Fuzzy Multiple Attribute Decision Making [M]. Berlin: Springer, 1992.

[53] Cheng Q Y, Qiu W H, Liu X F. Relation Entropy and Transferable Entropy Think of Aggregation on Group Decision Making[J].Journal Of Systems Science And Systems Engineering,2002,11（1）.

[54] Cherry E.Programming for Design: From Theory to Practice[M].New York: John Wiley & Sons, Inc., 1998.

[55] Harrison J R, ZHANG L, Green R C, et al. Simulation modeling in organizational and management research[J]. Academy of Management Review, 2007, 32（4）:1229–1245.

[56] Hershberger R G, Architectural programming and predesign manager[M].New York : McGraw–Hill,1999.

[57] Hwang C L, Lin M J. Group Decision Making under Multiple Criteria: Methods and Applications [M]. Berlin: Springer,1987.

[58] Jason K L, Taji K. Group decision support for hazards planning and emergency management: A Group Analytic Network Process（GANP）approach[J]. Mathematical and Computer Modelling, 2007, 46（7–8）.

[59] Jencks C.The Architecture of the Jumping Universe[M]. Academy Editions, 1995.

[60] Ojelanki K N. Analyzing consensus relevant supporting facilitation in group support system:techniques for analyzing consensus relevant data[J]. Dcision Support System,1996,16（2）:155–168.

[61] Pena W M, Parshall S A, Problem Seeking: An Architectural Programming Primer[M], John wiley & Sons Inc,2001.

[62] Peniwati K. Criteria for evaluating group decision–making methods[J].Mathematical and Computer Modelling, 2007,46（7–8）.

[63] Rao C, Xiao X, Peng J. Novel combinatorial algorithm for the problems of fuzzy grey multi–attribute group decision making[J]. Journal of Systems Engineering and Electronics, 2007,18（4）.

[64] Salisbury F. Briefing Your Architect[M].znd edition.London: Architectural Press,1997.

[65] Sheu J B. A sequential group decision–making approach to strategic planning for the development of commercial vehicle operations systems[J]. Transportation Research Part A: Policy and Practice, 2002,36（4）.

[66] Sun J and Li H. Financial distress early warning based on group decision making [J] .Computers & Operations Research, 2007 (11) .

[67] Tsai M J, Wang C S. A computing coordination based fuzzy group decision-making (CC-FGDM) for web service oriented architecture[J]. Expert Systems with Applications, 2008,34 (4) .

[68] Wen W, Chen Y H, Chen I C. A knowledge-based decision support system for measuring enterprise performance[J]. Knowledge-Based Systems, 2008,21 (2) .

后 记

本书是基于作者主讲同济大学建筑策划学双语课程十余年的教学积累，以及主持两项国家自然科学基金项目的研究成果基础之上，进行总结概括，整理而成。

特别感谢中国建筑工业出版社的吴宇江编审，长达十年耐心等待本书的写作。伴随着教学思考的拓展，理论研究的深入，结合实践的整理，以及持续关注和讨论，才有本书稿的完善。

感谢同济大学建筑与城市规划学院黄一如教授、王伯伟教授，在我来同济大学不久就鼓励开设建筑策划课程并开展研究，本人发现这一分支学科所蕴含的重要价值和对中国建筑学科发展不可估量的能量。感谢同济大学建筑与城市规划学院的李振宇院长一直以来对本书给予的关心和建议，每次交谈其睿智的话语都促进了本书的思考与完善。

感谢清华大学建筑学院庄维敏教授，他在 2015 年组织成立中国建筑学会建筑策划专委会，搭建了国内外建筑策划研究者的交流平台，并亲自授证笔者为建筑策划专委会委员。对本人在建筑策划研究方面的工作也给予鼓励和肯定，这坚定了笔者在此方向继续发展研究的决心。

本书写作过程还得到本人所主持的建筑策划研究团队的大力支持，特向本教学研究团队的合作者刘敏副教授、李华讲师，以及参与建筑策划群决策研究并为本书绘制插图的李妍、苏宗毅、陈卓、徐骏、许逸敏、陈志钢、冯艳玲、赵伊娜、陶成强、王琳静、郭瑞升等同学，致以诚挚感谢！

涂慧君

2016 年 9 月 29 日于上海